小鑫说快乐

李鑫 / 主编　李鑫 / 口述　穆静 / 撰稿

济南出版社

U0882158

图书在版编目（CIP）数据

李鑫说快乐 / 李鑫主编 . -- 济南 :
济南出版社 ,2015.8
ISBN 978-7-5488-1736-9

Ⅰ . ①李… Ⅱ . ①李… Ⅲ . ①成功心理 – 通俗读物Ⅳ .
① B848.4-49

中国版本图书馆 CIP 数据核字（2015）第 198419 号

出版发行　济南出版社
地　　址　济南市二环南路 1 号 250002
网　　址　www. jnpub. com
电　　话　0531- 86131726
传　　真　0531- 86131709
经　　销　各地新华书店

印　　刷　济南黄氏印务有限公司
开　　本　710×1000 毫米　1/16
印　　张　9.25
字　　数　106 千
版　　次　2015 年 10 月第 1 版
印　　次　2015 年 10 月第 1 次印刷
定　　价　36.00 元

发行电话　0531- 86131730 / 86131731 / 86116641
传　　真　0531- 86922073

（版权所有，侵权必究）如有印装质量问题，请与印刷厂联系调换

CONTENTS

目　录

第一章　我就没想过当主持人 / 1

1. 第一次上台就“砸了” / 3

2. 当“名人”的感觉挺爽 / 10

3. “土老帽儿”的艺考经 / 16

第二章　在我眼里，从来没有过“第二” / 21

4. 先当“勤杂工”，再当“老板” / 23

5. 得第一也有瘾 / 28

6. 央视“挑战主持人”大赛：就是要拿冠军 / 32

7. 一直想严肃一把 / 38

第三章　初衷就是让你乐 / 43

8.《我是大明星》：真正走入选手内心 / 44

9.《喜剧学院》：多面李鑫 / 69

10.《快乐向前冲》：一个最遭罪的栏目 / 86

11. 我叫“不紧张” / 100

12. 累死人的工作节奏 / 105

第四章　像金子那样闪亮 / 113

13. 霸气的新浪微博：朕是李鑫 / 115

14. 阳光男孩柔情面：爱哭，喜欢孩子 / 119

15. 我的粉丝是金子 / 122

16. 我的偶像是父亲 / 131

17. 台下其实挺“正经” / 134

附一　似水流年，与君同 / 138

附二　李鑫小档案 / 142

后　记 / 144

第一章

我就没想过当主持人

1 第一次上台就“砸了”

1983 年 4 月 17 日，李鑫出生于山东泰安的一个公务员家庭，是个地地道道的山东泰安人。上世纪 80 年代初的泰安，普通话还没有现在这么流行，无论是在家里还是在学校里，李鑫接触到的都是泰安话。小时候的李鑫操着一口纯正的泰安腔，与现在电视里操着字正腔圆的普通话的李鑫相差甚远。

小李鑫在亲戚们中得到的一致评价是——腼腆。“那孩子，别说在陌生人面前，就是在七大姑八大姨面前，也难得说上几句话”。据李鑫的一位亲戚介绍，李鑫儿时简直就像闷葫芦。

俗话说：从小看大。一个人小时候的秉性、天赋往往透露出他今后的走向。然而，恰恰是这个一口泰安腔的腼腆男孩，在逐渐长大的过程中，改变了自己从小腼腆、内向的性格，练就了伶牙俐齿，在许多包括央视“挑战主持人”比赛中夺得第一，并成为山东有线电视中心综艺频道的主持“一哥”。

走上主持人之路，离不开“贵人”扶持

能当主持人，少年李鑫自己完全没有想到。

那时，与许多同龄人一样，李鑫梦想着当科学家、警察，“主持人”这个词他压根就没听说过。因此，与很多从小就抱有主持梦、舞台梦的主持人不同，李鑫没接触过电视艺术，用李鑫自己的话来说，自己“唱歌、跳舞样样不行，走上主持人道路有点‘歪打正着’的意思”。

2岁时和妈妈合影

但与很多主持人类似的是，李鑫走向主持人的道路，离不开几个引路人。多亏了这几位“贵人”的扶持和帮助，才使李鑫对主持工作有所接触、了解和熟悉，并最终成为一名深受观众喜爱的主持人。

第一个引路人就是李鑫的父亲。李鑫家里的很多事情，都由父亲决定。李鑫说，自己能够接触主持工作，与父亲密不可分。

李鑫祖籍山东莱芜。父亲在泰安市东部的一个乡镇工作，由于乡镇的教育条件有限，为了让李鑫得到更好的教育，在李鑫五六岁时，父亲调动工作，举家搬到了泰安城里。

李鑫的父母不擅长唱歌、跳舞，家里的亲戚也没有从事艺术的。虽然在父亲那里没有得到艺术的培养，可正是父亲将他从乡镇带到了城里。在城里，李鑫在“贵人”的帮助下，与主持工作一步步结缘，从而使他得到更广阔的发展空间。所以，给他开启主持人道路的第一个人，正是父亲；而在接下来的人生经历和主持工作道路上，父亲始终是李鑫强有力的后盾。

一家人搬到泰安后，李鑫进入泰安市实验学校读书。这时候的李鑫还不会讲普通话，

4岁时和父母合影

“3 岁时的我”

“5 岁时的我”

父母也不会，一家人用泰安当地方言交流。上世纪 80 年代，普通话渐渐流行，学校也大力推广。在学校里，能讲流利的普通话，是件很有面子、很洋气的事情，而讲方言，则显得挺土。于是李鑫觉得自己有些土，很羡慕那些会说普通话的同学和老师。

李鑫记得，班主任的普通话讲得非常标准，这让他十分羡慕。那是个女老师，教语文，名字叫谷雨。谷雨老师三十来岁，人也如同名字一样漂亮，最让李鑫羡慕的是谷雨老师那一口流利、标准的普通话。李鑫模仿谷雨老师学讲话，老师在讲台上每说一句话，李鑫就在心里默默重复一遍。几年下来，耳濡目染，李鑫还真练就了一口像模像样的普通话。

2010 年，因为要做关于李鑫的节目，电视台专门到泰安采访了谷雨老师。二十多年过去了，谷雨老师已经不记得李鑫了。谷雨老师说，学习特别好的和特别调皮的孩子一般会给老师留下深刻的印象，可见李鑫当时是一个一般的学生。可在李鑫心里，谷雨老师是他主持生涯的启蒙老师。

第一次真正接触主持工作

第一次接触主持工作，是在李鑫上初中的时候。即便过去近 20 年，如今回忆起来，很多细节他还历历在目。时间能洗去许多记忆，可有些对人生有重要影响的事情，却如烙印般深深地刻在脑海中。对李鑫来说，初中第一次登台主持节目的经历，就是如此。李鑫说，之所以记得特别清楚，不是因为他第一次登台主持得好，而是因为第一次登台就主持“砸了”。

高中毕业

李鑫是在东岳中学读初中的。一次，学校组织全校范围内的文艺演出，要求每个班级都要报节目。负责选拔演员的是音乐老师，音乐老师觉得李鑫虽然没有艺术特长，但小伙子长得乖乖巧巧的挺让人喜欢，就想让李鑫参加演出。可唱歌跳舞李鑫一点也不会，该让这个讨人喜欢的孩子表演点啥节目呢？想了半天，音乐老师突然想到正好缺一个男主持人，就跟李鑫说：“你去当主持人吧。”

主持人一词来自英语的Host，含有主人的意思。据说，1928年，荷兰开设了世界上第一个短波电台节目，其中有一个名为“欢乐的电台”的栏目，由艾迪·勒达兹主持，从此有了“主持人”这一名称。上世纪80年代初，我国正式出现节目主持人。然而上世纪90年代初，我国电视还没有那么普及，电视节目也不多，所以“主持人”这个词对很多人特别是孩子来说，还是一个陌生的字眼。

工作之后

第一次听说“主持人”这个词，李鑫纳闷了半天。主持人是做什么的？为此，音乐老师给李鑫开起“小灶”，每天放学后，同学们都背着书包回家了，而李鑫则背着书包来到音乐老师的办公室，跟着音乐老师学习主持。

音乐老师当然也不是行家，她教李鑫用十分夸张的声调来主持节目。培训了一个多星期后，演出要开始了。

但是，接着又遇到问题了，李鑫没有像样的衣服。

李鑫将自己要当学校主持人的事情告诉了父亲。父亲第一反应是，儿子知道主持人是怎么回事么？父亲问李鑫，你心里有底吗？李鑫一拍胸脯告诉父亲，自己已经经过音乐老师的培训，没问题，但是学校让买件新衣服，怎么办？看到儿子信心满满，当父亲的自然高兴。父亲狠了狠心，花了两三百元钱给李鑫买了一套新衣服。90年代初，李鑫父亲每月的工资也就几百元钱，能花两三百元钱给儿子买衣服，这是父亲对

李鑫的支持。对此，李鑫至今记忆犹新，心存感激。

演出当天，李鑫起了个大早，将头发梳了又梳，把脸洗得干干净净，还特地往脸上多抹了一些雪花膏，穿上了崭新的衣服。到校后，老师又给李鑫脸上扑了腮红，他的小脸蛋顿时变得红扑扑的。李鑫和一个女生搭档。演出开始了，小女孩先报幕。第二个节目要演出了，李鑫走上舞台，心怦怦跳个不停，台下无数双眼睛都看着他。被这么多人齐刷刷地盯着，李鑫不知所措，心仿佛跳到了嗓子眼儿，大脑一片空白，傻傻地站在台上，周围的空气仿佛凝滞住了。他想说点啥，可就是张不开口。就这样，他在台上至少愣了三分钟，什么话也没讲，被老师无奈地领下台去。

“故作深沉”

李鑫说，如果要追溯自己主持生涯的开始，就算初中那次“无言”的主持。打那以后，李鑫反而对主持工作产生了浓厚的兴趣，就像孩子被石头绊倒，却偏要看看那石头到底长啥样。

这时的李鑫做梦也没有想到，从那以后，自己会与主持工作结下不解之缘，屡屡在主持比赛包括央视的“挑战主持人”大赛中夺得桂冠，并最终成为山东有线电视中心综艺频道的主持“一哥”，以其过硬的主持功底和阳光、快乐的形象赢得广大观众的认可。

2 当“名人”的感觉挺爽

30岁的男人卖萌

人生道路上，往往有许多偶然因素，促成了一个人在关键的几步上的选择，偶然因素慢慢积累，就决定了以后的人生方向。如果说初中时老师选中李鑫主持演出，让他对主持有了初步体验，是决定其人生方向的一次偶然，那么高中时他无意中被分到了最好的班级，选择足球和广播站来“曲线救国”，则又是一次决定其人生方向的偶然。

小学、初中时的李鑫学习成绩算不上优秀，也没掉过队，算班里中不溜儿的学生。没想到到了高中，李鑫的成绩却一落千丈，成了一段他不堪回首的经历。那时候，李鑫恰好被分到了全校最好的一个班级，这个班里有六十来个学生，都是从新泰、肥城等地方来的尖子生组成的班级，是全级最好的两个班之一，类似于现在不少学校的那种尖子班、培优班。举个例子来说，如果这两个班学生有100人，那么考试时全级前100名，几乎都出自这两个班。

在这个班里，李鑫成了差等生，成

绩一直排在同学们后面。无论是“头悬梁、锥刺股”地学，还是“冬练三九，夏练三伏”地学，他的成绩都在五十多名，成为班里倒数的学生。他总感觉低人一等，可谓“压力山大”。

这时的李鑫正是好面子的时候，觉得既然在成绩上赶不上同学，那就要另辟蹊径，在其他方面做出成绩。他梳理了一下自己的特长，一个是擅长打篮球，另一个是有主持经验。

先说说篮球。那时候，打篮球成了李鑫骨灰级的爱好，用“疯狂地痴迷”来形容他对篮球的感情也不为过。痴迷到什么程度呢？无论是大热天，还是冰天雪地里，只要有时间，他就去打篮球。

放学后、周末、假期里，学校的篮球场上，经常会出现一个帅气的、瘦瘦的小伙子，这就是李鑫。同学有空时，他就跟同学一起打篮球；找不到伴儿，就自己一个人打。

一次恰逢学校组织篮球比赛，让李鑫风光了一把。李鑫是班里的体育委员，肩上的担子挺重。班里的同学多数来自农村，学习方面十分优秀，而在体育运动方面却很欠缺，大部分都不会打篮球，对体育运动也没多大兴趣。于是，课间里、放学后，李鑫苦口婆心地劝这些尖子生暂时放下书本，到操场上练一练篮球。刚开始时，不少同学连运球都不会，他就手把手地来教，一遍一遍重复动作要领，挺有耐心，一点也不嫌麻烦。功夫不负有心人，比赛中，李鑫带领他的尖子班，在 14 个班中，杀入前 4 名。

李鑫说，篮球运动给了他好身体，也练就了他的忍耐力，这让他在以后的主持工作中，无论是在夏天太阳下暴晒十几个小时，还是冒雨录节目，都能挺过来。对篮球的痴迷，也可以看出这个小伙子不服输的精神，以及对爱好的执着追求。俗话说，性格决定命运，正是这种性格，使曾经的差等生取得了今日的辉煌成绩。

会打篮球让李鑫在老师和同学们面前着实风光了一把，然而，让他真正“爽”了一把的，却是在学校的广播站。那是在高二时，学校广播站要招人。李鑫觉得自己声音还可以，很多同学也觉得李鑫声音挺好听，让他去广播站试试。那时候他老觉得学习落在别人后面，心里不得劲，十几岁的孩子又恰逢寻找自信的年纪，而带领全班打篮球也已经成为过去时，他就想凭借另外一个特长展示自己的才能，于是决定到校广播站试一下。

粉粉哒……

去广播站面试后，李鑫还真通过了。下午放学后到上晚自习，中间有两个小时的时间。时间挺短，不少家远或者住校的同学就不回家吃饭了，而是买来饭在班里吃。广播站就利用这两个小时的空档来广播，同学们边吃饭边听广播。

下午放学之后，李鑫赶紧扒几口饭，来到学校广播站，读读散文啊、放放音乐啊什么的，让学习了一天的同学们放松一下神经。

短短的个把小时里，李鑫过得非常开心，学校广播站就成了这个“尖子班里的差等生”的一块自留地。在广播时，他就是主角。声音从他的嘴里发出来，经过一个小小的话筒转变成大声波，传送到全校同学和老师们的耳朵里去，整个校园都回荡着他那充满磁性的声音，这是何等风光和令人自豪的一件事情！

借着广播，不少同学和老师也认识了李鑫。他走在校园里，一些他不熟悉的老师和同学还会上前跟他打招呼，这给李鑫增加了自信，也让他第一次有了当“名人”的感觉。

广播站面向全校学生征集散文，挑选写得好的进行广播，还会播出作者的名字。自己的散文能在校广播里播出，这在很多同学看来是一件很有面子的事情，也是对自己写作才能的肯定。

播音员李鑫有决定播放什么歌曲和什么散文的权力。有了这项权力，李鑫在同学们中树立起了一种威信。临放学之前，不少同学会找到李鑫，说，我今天想听什么歌，或我想给几班的某某过生日，希望李鑫给放一首什么歌曲。还有不少同学会找到李鑫，将自己写得工工整整的散文放到李鑫面前，希望他能帮忙广播一下。

李鑫突然觉得大家有用得着他的地方，觉

得自己挺了不起，有了当“名人”的感觉。这种感觉真是不错，让这位“差等生”在学习上心灰意冷的时候，找到了树立自信的突破口。

李鑫说，虽然自己现在做电视主持人，但让自己第一次有当名人的感觉，不是现在，而是在学校广播站时。那感觉，至今回忆起来，自我崇拜和自恋之情还会油然而生。

Happy Life

③ “土老帽儿”的艺考经

李鑫在学校广播站做了两年播音员，惬意与舒心的日子转眼即逝，黑色的高三悄无声息地来了。像所有的高三生一样，高考的压力向李鑫扑面而来。

按照李鑫的成绩，如果跟班里的尖子生一样正常考大学，在高考的

每到一地，签名是必须的工作

独木桥上，他很有可能被挤下来。估计了自己的实力后，李鑫觉得，自己考个二本问题不大，但是考个好大学的话，就挺悬的；而自己的成绩，在艺术生里面算是不错的。权衡之下，李鑫有了报考艺术类大学的想法。

“天哪，我竟然有这个时候！”

那么该选择什么专业呢？在校广播站当了两年广播员，李鑫觉得声音方面还有点特点，想到了报考播音方面的专业。起初，李鑫还不太自信，毕竟自己没有经过专业的训练，算不上正规军，只能算是个“土八路”。而且，当时周围的人并没有报考这个专业的，如果考上了，算是个先驱，考不上就进入“先烈”行列了。李鑫心里多少有点打鼓。

当他将自己的想法跟同学和家人说了之后，没想到他们都觉得李鑫的声音有特点，觉得他报考播音主持专业很“靠谱”。家人和朋友的支持，给了这位“土八路”很大的勇气和信心。

十年前，对很多人来说，播音主持专业还是“冷门”，不少人也从未听说过有这么个专业。整个泰安市考播音主持专业的很少，办类似培训班的辅导机构更是没有。决定了考播音主持专业后，李鑫开始寻找老师，想跟着行家学习播音主持，可这并不容易。

父母通过熟人辗转找到泰安电视台的一位主持人，让儿子跟着这位主持人学习播音。那位主持人叫李鑫读读报纸，并按照新闻播音的要求，纠正了他一些发音、用气的问题。可人家毕竟工作忙，不可能系统地给李鑫指导播音主持方面的要领，李鑫只断断续续地学习了一段时间。

后来打听到济南有专门的培训机构，李鑫便来到济南一家培训机构系统学习播音主持。

这是李鑫第一次出远门。父母把李鑫送到济南后就回家了，将他一个人留在济南，在山东艺术学院旁边的出租房里住了10天。至今，李鑫对这个小出租房还挺有感情，每次路过，都忍不住抬头看一看。正是在那期间，他正式接受播音主持的专业培训，这位“土八路”开始向“正规军”靠拢。

在济南培训的第一天，李鑫就受到了打击。一起培训的学生，既有报考播音主持专业的，也有报考表演专业的，培训内容涉及播音、表演两个方面。李鑫发现，不少同学表演都很放得开，都比自己强。李鑫记得有一个同学留着长头发，穿着时尚，很有“艺术范”。而自己则对播音主持和艺术一窍不通，一比较人家才是正儿八经地学艺术的，而自己板寸头儿、T 恤短裤，浑身散发着“土气”。人家表演得好、台词也好，说哭一下子哭出来，说笑一下子笑得在地上又滚又爬的，可李鑫放不开，在同学中很不起眼。

但这些同学也给李鑫以启发。培训中，“土老帽儿”李鑫认识到学播音主持专业，就得像学艺术的同学那样，做什么都得“放得开”，便暗自决定在表演时一定要放得开些，没成想却矫枉过正，闹了不少笑话。

比较糗的一次是，老师给了他一个题目——照镜子。李鑫在表演了早上洗完脸、吃完饭，对着镜子打扮好自己之后，还对着镜子点点头，意思是，不错，打扮得挺好。不料老师却当着众人的面数落李鑫：“你这也太不自然了，你照镜子的时候会对着镜子点头吗？”李鑫一想，也是，生活当中不大可能出现这种情况，这让他意识到表演其实跟现实生活差不多，不能太做作。

培训结束后，李鑫先后到潍坊、济南、西安参加艺考。三次艺考，李鑫都比别人少展示了一项——才艺展示。李鑫说，看着别的考生又是唱歌、又是跳舞地在舞台上展示自己，他很是羡慕。不是自己不想展示，而是真没有那金刚钻，怎敢揽下瓷器活呢。为了才艺展示，李鑫曾经学过吉他，结果到最后也没用上，因为弹得实在太差了。

没有才艺展示，李鑫仍然凭借过硬的专业能力赢得了考官的青睐，在众多考生中脱颖而出。李鑫觉得，才艺展示可以丰富你自己，但不是决定性因素，过硬的专业能力才是“王道”。

潍坊是李鑫艺考的第一站，也是他最紧张的一站，因为不知道自己的水平到底咋样。考试开始后，李鑫和十几个考生一起进入考场。

轮到李鑫了，他先大声朗诵了自备的稿子；接下来，评委会给了李鑫两篇小说、新闻、童话、寓言类之中的稿子，要他认真阅读。

接着是即兴评论，即考官随机给一个题目，让考生

“粉丝眼中的我”

评述。这个李鑫最拿手，因为在学校广播站时，李鑫就做过即兴评述，还总结出即兴评述的三点小方法：第一点是“是什么”，就是将新闻事实讲清楚；第二点是“为什么”，就是怎么会发生这样的事情，剖析它的根源；第三点是“怎么办”，也就是怎么来解决这个问题。这都是李鑫自己总结出来的，后来上大学时竟发现，自己的“三步走”方法，竟然与教科书上讲的即兴评述的方法如出一辙。

一场考试下来，李鑫有了自信心。通过与其他考生比较，李鑫觉得自己虽然只经过一周的专业培训，也没有才艺展示来给自己加分，但播音主持水平并不差，这也增强了他在以后考试中的信心。

为了下一站艺考，李鑫坐了十几个小时的火车来到西安。这是他第一次坐火车去这么远的地方。在西安，一件事情让李鑫印象十分深刻，现在想想还有些后怕。

李鑫在西安有个朋友，看李鑫大老远来了，想要表现一下主人的热情，就请他吃当地的特色。西安人很能吃辣，很多小吃都是辣的。朋友叫了一份辣辣的大盘鸡，色香味俱全，那味道让李鑫至今回忆起来仍流口水——李鑫放开肚皮猛吃一通。

由于吃得太辣，结果第二天早上李鑫失声了。嗓子可是播音员的命根子，嗓子出问题了，那肯定影响考试发挥。他很着急，觉得跑这么大老远来，考砸了怎么办？

怎么也得尽全力拼一把！于是李鑫不再说话，让嗓子充分休息。这一招很管用，面试时他硬坚持着考了下来。接下来是忐忑的等待，李鑫担心自己考不上，望眼欲穿地等通知。几天后，结果出来了，有些出乎李鑫的意料，没想到自己“带伤参战”，竟拿了个榜眼，考出了专业第二的好成绩。

第二章

在我眼里，从来没有过“第二”

④ 先当“勤杂工”，再当“老板”

2002 年夏天，李鑫背着行囊，带着一脸青涩来到古都西安，跨入陕西师范大学的大门，在迎接新生的师哥师姐的引导下，领到了宿舍的钥匙。看着陌生的大学校园，望着师哥师姐们成熟的脸庞，李鑫对今后四年的大学生活充满着憧憬，梦想着毕业后，在荧屏中看到自己成熟睿智的脸。

梦想一旦确定，就要付出百倍的努力。为了这个主持梦，李鑫将大学四年的学习规划得十分条理：大一学习专业课，大二参加各种社会实践，大三开始通过各种比赛来磨炼自己。李鑫的大学生活正是按照他的规划进行的。

专业课是基础，李鑫用全力来学习。学吐字、学录音、学播音主持理论……老师在讲台上讲，李鑫在笔记本上唰唰地做记录。整个课堂上，就数李鑫记得最认真，因为他不但想摆脱高中以来“差等生”的帽子，还想为自己的主持梦而拼搏一把。

“纸上得来终觉浅，绝知此事要躬行”。理论毕竟是理论，如何应用还得靠实践和悟性。李鑫说，提到大学生活，除了学习，不得不提的有两点：

因为跪着采访残疾人而上了杂志

一个是大学时的社会实践，另一个是参加的几十场比赛。前者让他了解了社会，后者则让他将所学的专业知识应用于实践。

大学四年里，李鑫接受了系统的电视主持教育，还有意识地积极通过自我实践包括参加各类比赛来充实自己。四年下来，他青涩的脸庞渐渐地被成熟所取代。

大学期间，他利用课余时间，像勤奋的蜜蜂一样，又像着了魔一样，为自己找寻各种兼职，洗盘子、发传单、做导购……只要是大学生能做得来的正当兼职，李鑫都做过。李鑫做兼职的目的，不单是为了给自己赚额外的生活费，让自己在经济上能够独立些，更重要的是想了解社会、考验自己的意志，去去身上的“学生气”。只有先甘于当“勤杂工”锻炼自己，各方面能力都具备了，才有可能当上“老板”。

李鑫说，最难忘的是发传单的经历。西安的夏天十分闷热，那一年炎热的暑假，李鑫提着一兜传单，站在大街上，

将一张张传单塞到来往行人的手中。柏油路经过烈日的炙烤，不断蒸腾着热气。发了一会儿传单，李鑫嗓子似乎要冒出火来，他抬头望望远处，似乎有些眩晕，怕是要中暑了，李鑫赶紧找地方休息一下。

除了烈日的炙烤带来的身体上的不适，还要忍受别人的“冷眼”。有些路人从他手中匆匆接过传单后看也不看，就扔进了附近的垃圾桶，这让李鑫觉得多少有些受歧视。但他又觉得能接过传单来，就算给面子了，有些人甚至直接摆手不要或瞪一眼李鑫，就从他身边匆匆擦过。时间久了，李鑫也就习惯了，遇到“不配合”的路人，只在心里面“呵呵”几声。

一天下来，拿着挣来的几十元钱，李鑫拖着腰酸背痛的身体回到宿舍。这份艰苦的工作让他明白，社会可没有学校里那么诗情画意，很多时候要靠自己的坚持和努力。发传单的经历，让他学会了换位思考，了解到每一份看似简单的工作，都需要辛勤的汗水，才能够做得有声有色。正因为这段发传单的亲身经历，直到现在，遇到路上有发传单的，李鑫都会接过来。

辛苦的传单员工作不仅没打消李鑫兼职的念头，反而让他更执着地寻找那些比较艰苦的兼职。接下来，李鑫又应聘到饭店的后厨洗盘子，到商场做导购，到医药公司做药品发布会的主持人……

李鑫曾对这段打工经历有简单的记录：

非典时期翻墙头出去揽活，回来时好心的大姐塞给我两包方便面。
站在西安的古城墙下“露演”，一天晒成了兵马俑。
满大街发传单，一张挣一分钱……

通过一份份兼职工作的锻炼，眼高手低和书生气不见了，李鑫变得更加脚踏实地。

李鑫说，作为独生子，从小就像温室里长大的花朵，家里苦活儿累活儿父母都不让碰，而一旦走向社会，必然要经历严寒和酷暑，若没有充足的准备只能枯萎而死。所以，他要锻炼自己，在课余时间里，他就是个“勤杂工”，让自己到校园外面去，为自己找那种最艰苦的工作，使得自己今后走向社会时不会那么脆弱，不会被一点挫折所打倒，让梦想之树经历烈日的照晒和风雨的洗礼而茁壮成长。

5 得第一也有瘾

如果说，“勤杂工”的经历只是大学生活的插曲，那么几十场“只得过第一没得过第二”的比赛，则是李鑫大学生活的主旋律。通过几十场比赛，课本上的一个个概念、理论变得那么鲜活与生动。几十场比赛的锤炼，使这位毛头小伙子一步步成熟，在摄像机面前、在亿万观众面前侃侃而谈、游刃有余。

2002年，是陕西师范大学开设播音主持专业的第二年，李鑫正是这一年来到陕西师范大学，成为该专业第二届学生的。当时，陕西师大播音主持专业资历浅、底子薄，除了鼓励学生学好专业课外，也鼓励学生多参加比赛。学校的鼓励其实与李鑫的想法不谋而合，因为按照他的大学规划，在专业知识积累到一定程度后，就要“走出去”，去校园外的赛场上历练一番。

只要省里、市里组织与播音主持相关的比赛，比如朗诵比赛、主持比赛，李鑫就踊跃报名参加，决不落下，而且还真比出了一些名堂。在他参加的二十几场比赛中，他从来都是第一名，因此在同学中获得了“李第一”的绰号。

于是，李鑫对得第一上了瘾。大学之前从来未感受过得第一啥滋味的李鑫发现，一旦拔得头筹，不但自信心被激发起来，要强的心也被激发，下次不得第一连自己也对不起。

他十分留意网络上、海报栏里、电视上的比赛信息，只要与播音主持沾边儿，他都报名参加，而且报名后必然奋力准备，因为第一并不是那么好拿的。

时光飞逝，疯狂的比赛经历距现在已经有十多年的时间。时间已经

将比赛的名称和细节磨蚀得模糊不清，李鑫只记得，每次比赛结束后，陕西师大两个校区的张贴栏上就会出现自己的大照片，旁边还会挂上一个红条幅，写着：热烈庆贺新闻与传播学院播音主持专业 2002 级李鑫获得某某奖。

李鑫一下子成了校园里的名人。而不少校友发现，这个名人真有点“神龙见首不见尾”的意思，挺低调的，除了在张贴栏里见过照片，在学校文艺演出中远远看见其主持的身影外，就很难找到他。当然，同学们很难见到这个“神龙”的一个主要原因，就是李鑫的社会实践和比赛较多。另外的原因是，即使在空余时间，李鑫也很少参加聚会，很少接触其他同学。

李鑫解释道，这可不是自己傲气，而是性格使然，别看自己在舞台上活蹦乱跳，而私底下则是个“宅男”，属于话特别少的人，性格中有偏内向的成分，人多少有点儿“自闭”。不光在同学面前“宅”，其实在家里面，李鑫给亲戚的印象就是话少，与在观众面前活泼的形象形成鲜明对比。他说，他不讨厌这种性格，反而暗自庆幸，台下话少，才能攒着话在台上说。

如果有人问，得第一有啥秘诀？李鑫说，除了奋力准备外，与自己的这种不那么闹腾的性格有关，还与思维方式有关。李鑫有个习惯，那就是喜欢自言自语，喜欢自己与自己讨论。

李鑫说，如果觉得一个事情怎么样都有理，自己说服不了自己时，“讨论模式”会自动开启，即两个“我”进行辩论：一个“我”说这个事情应该是这样，这样有道理；另一个“我”就进行反驳，两个“我”你一言我一语，直到一个说服另一个。

这种思维方式是参加辩论赛落下的“病根”参赛前为了训练思维能力，往往将一个选手形单影只地站在中间，被好几个人围着，轮番攻击中间选

手的观点。站在中间的人脑子要飞速运转，要预想到对手对自己的攻击点，逼着自己站在两方面思考问题。参加了几场辩论赛之后，这种思维模式就赖在脑海里不走了。现在这个“毛病”还一直陪伴着李鑫，一拿不定主意，“讨论模式”就自动开启了。

粉丝的拼图

多参加比赛，多露露脸，总归是有好处的。比赛除了成就了“李第一”的称号，还让李鑫遇到了不少贵人。第一个就是陕西师大新闻与传播学院的刘路院长，他是陕西省知名的文艺评论家，非常支持李鑫参加比赛。因为参加比赛必然会耽误一些课程，而刘路院长从来不在课时上卡李鑫。当然李鑫也争气，每每遇到比赛耽误学时的情况，他都会利用其他时间补习功课，四年下来功课上没落下一点。

另外一个贵人叫王涛，后来成为陕西卫视的主编。一次李鑫参加比赛，王涛当评委，比赛结束之后王涛主动找到李鑫，要了李鑫的电话，并告诉李鑫可以给他找个栏目实习。在王涛的引荐下，李鑫来到当时陕西卫视最好的一个民生栏目《都市快报》担任实习记者。遇到实习记者能操作得了的新闻，比如谁家下水道堵了等，李鑫就拿着摄像机拍摄。没毕业时，李鑫已经收到了陕西卫视给他发出的录取信。

⑥ 央视“挑战主持人”大赛：就是要拿冠军

在李鑫参加的二十余场比赛中，规格最高、影响最大的要数中央电视台“挑战主持人”大赛。参加央视“挑战主持人”大赛是李鑫大学时期的一个转折点，这场比赛将李鑫由陕西省推出，在全国的舞台上小试牛刀。这一试，还真拿下了全国总冠军。

李鑫的最初一批“粉丝”正是在其参加央视“挑战主持人”比赛后聚集起来的。李鑫记得，参加完一期节目之后，他回到陕西，在西安一个咖啡厅里第一次被人认出来。李鑫与朋友一落座，咖啡厅里一个三十多岁的大姐，就操着一口浓重的陕西话问他是不是李鑫，并表示很喜欢看他主持节目。李鑫第一次感受到了央视的影响力。

获奖后和赵忠祥老师合影

在“挑战主持人”比赛中获得冠军，也是李鑫的不少“粉丝”所津津乐道的话题。至今，不少“粉丝”还会“八一八”李鑫当年参加挑战主持人时的照片和比赛视频，与现在做对比，趁机回顾一下他们心目中偶像的“青涩年华”。

时间退回到十多年前——

我最尊重的中国电视主持第一人——沈力老师

2004 年，二十一岁的李鑫正上大三，有一天学校老师将李鑫叫到办公室，告诉他一个消息：你去参加中央电视台的“挑战主持人”比赛吧，要好好表现。

原来，央视“挑战主持人”西北赛区邀请大学生参加比赛。拿下陕西省内几十场播音主持类比赛冠军的“李第一”，理所当然地成为陕西师范大学重点推荐的对象。

央视的“挑战主持人”大赛在主持界相当有名气，不少主持人都是通过这个比赛而“飞入”千家万户，为全国观众所熟知。比如主持《购物街》的高博，被球迷誉为诗人解说员的贺炜。李鑫对这个大赛也早有耳闻：它是央视关于主持人比赛的一档原创性节目，所有的选手都是从全国各地选拔出来的优秀人才，大赛的目的是为广大参赛者提供一个实现当主持人梦想的舞台。

得知将要代表西北赛区参加“挑战主持人”大赛，这让李鑫既兴奋又忐忑。这是个全国性的比赛，能代表学校和西北赛区参加比赛，那是多么大的荣耀

和对自己专业水平的肯定啊。可回头一想，自己之前只参加过陕西省内的比赛，而这次要面临的是全国拔尖的竞争对手，比赛激烈程度可想而知。可学校既然信任咱，咱就得尽最大努力展现自己，李鑫决定抛开压力努力一搏。

当时的“挑战主持人”大赛，还不像现在这样，从选拔赛到最终的决赛每场都在电视上展现，而是先产生一名周冠军，再经过层层竞争之后，最后选出几位选手参加年度总冠军的决赛，最终电视观众能够看到的仅是周冠军的产生和最后一场年度总决赛的比赛。

经过层层“厮杀”，李鑫与其他七个人一起站在了“挑战主持人”年度总决赛的舞台。在参加总决赛前，“挑战主持人”的主持人马东告诉包括李鑫在内的八位佼佼者，总决赛分两组进行，一组是娱乐类节目主持人比赛，一组是新闻类节目主持人比赛。八人只能选择两组比赛之一，而且两组比赛必须有 4 位选手参赛。

李鑫记得，当时马东还说，大赛组委会会对选手进行短期培训，根据各自的表现来进行分组，但也会考虑选手们个人的意愿。接下来，马东便询问参赛选手的意愿。

马东话音刚落，就听见李鑫坚定地说：“我一定要参加新闻类节目主持人比赛。”接着尉迟琳嘉（后来就职于凤凰卫视）表示，他要参加娱乐类节目主持人比赛。

李鑫告诉马东，自己实在“娱乐不了，只能新闻”。李鑫内心最喜欢的主持人是白岩松，他认为白岩松是个很注重思想内涵、很睿智的人，能够表达自己深刻的感悟才是好主持人。李鑫也想像白岩松那样做严肃的新闻。

马东望着李鑫的脸，感觉这个小伙子挺阳光帅气，还有些可爱，怎么看那张脸都有逗笑的成分，哪像搞新闻的严肃的面孔呢。在马东眼里，单从外表风格来看，李鑫应该更适合娱乐，希望李鑫重新考虑一下。可李鑫坚持到新闻主持人一组。于是马东就先将李鑫分到了新闻组，决定培训一段时间之后看看李鑫的表现再调整。

30 岁“高龄”获得全国电视新人奖

随后，参赛选手接受了朱军、罗京、何晶等央视“一哥”“一姐”们的培训。每个培训老师都有其自己的风格，朱军是那种善良、聪明而内敛的人，他以自己坎坷的经历，告诉选手怎样从一个普通人变成主持人，对李鑫启发很大。而罗京和平常电视上看到的完全不同，说话透着京味，很和善。和他们的交往，使李鑫看清了自己的差距，认识到要想做个有内涵的主持人还得多努力。

经过这些经验丰富的主持人的点拨，李鑫的主持水平更上了一层楼，而李鑫在培训中的表现，也得到了马东等的认可。培训结束后，马东告诉

李鑫：“你对自己的认识还可以，还真适合做新闻。”经过培训之后，新闻类节目主持人比赛组的四名参赛者产生，一个是李鑫，其余三位分别来自清华大学、吉林大学和河南大学。

十年磨一剑，今日把示君。决赛分为铁嘴争霸、妙语无敌、评价对方等环节。在每个环节，李鑫均表现十分出众。

在妙语无敌环节，马东让各参赛选手即兴讲笑话。李鑫绘声绘色地给观众讲道：“我有一个舍友，他平时没啥毛病，就是白天不上课，晚上出去溜达。干什么呢？上网。天天没事就上网，他兜里钱花得特别快。有一次，兜里没钱了怎么办呀？他就想给家里打电话要钱，但又不好意思张口，就发了一封电报，发的是：弹尽粮绝请支援。然后，他爸爸妈妈就给他回了一封电报，只有两个字：（右手上扬）顶住！”比赛中李鑫轻松幽默的语言，加上配合到位的肢体动作，将笑话讲得绘声绘色，逗得观众和台上选手们开怀大笑。

和李鑫同场竞技的选手中，最引人注目的是来自清华的博士生张秩。张秩比李鑫年龄大，人也显得更加成熟稳重。年龄及性格上的差异使得张秩比李鑫更具优势，可在评价对方的环节，李鑫避重就轻，将自己的劣势转化成了优势。他评价张秩道：“原来我对博士的概念挺模糊的，我的朋友当中也没有博士，自从见到张秩后，我觉得我对博士的观念改变了，博士也会笑。”

而面对题目“当我爱上她……”进行续写时，大学时期没谈过恋爱的李鑫也充分展现了自己的想象才能：

当我爱上她，她的男朋友就失恋了；当我爱上她，我的钱包就空了；当我爱上她，我就会改变我的生活习惯，我要天天刮胡子……

马东让李鑫做总结陈词，李鑫则展示了自己柔情的一面。李鑫深情地说，自己虽然没有女朋友，但有很多人深爱着自己，特别是父母。他说他妈妈身体不好，所以他想借央视荧屏，让父母知道自己的一份爱。他的这番陈述让许多观众很受感动。李鑫说：“比赛结束后我给家人打电话时，能够明显感觉到妈妈刚刚哭泣过……”

谈到比赛中的压力时，李鑫说，八位参赛选手都经过培训，私下里关系都很好，但面对着高高的观众席，无数双眼睛盯着自己，感觉压力很大。“‘挑战主持人’就是个竞技场，不紧张才怪呢。不过比赛时我尽量放松，不张扬……”也许正是这种心态，使得李鑫在场上表现得诙谐、幽默、机智，最后以大比分的优势击败了清华博士生等，赢得了年度总冠军。李鑫说：“我也许不是最聪明的一个，但我肯定是最努力的一个，通过比赛我深悟到，干什么事都是，一分耕耘一分收获。”

通过一场场比赛，即将走出大学校园的李鑫已经出落成一名合格的主持人，有了主持人那种“范儿”，能够在台上侃侃而谈、游刃有余。

李鑫官方后援会 / 百度李鑫吧

7 一直想严肃一把

“他的一举一动、一颦一笑都在不经意间带给我们无限的轻松与快乐；他‘亦正亦邪’的主持风格让《快乐向前冲》精彩不断，且赢得了万千粉丝……”如今，在观众眼里，李鑫帅气幽默，有着阳光一样的微笑，是能给人播撒欢乐的娱乐节目主持人。而起初，李鑫对自己的定位是新闻评论栏目主持人。在央视“挑战主持人”大赛中，这位冠军举手投足间都是一副新闻类主持人的范儿。本想严肃一把的李鑫，最终进入了娱乐主持人行列，他说，这虽与他初衷相去甚远，但也合情合理。

“白岩松是我自始至终的偶像，他是个很敢说的人，能把能说的话发挥到最极致。”在新闻评论栏目主持人中，李鑫最喜欢白岩松，喜欢那种无所畏惧的精神、冷静自若的头脑和坚定的正义感。他最初的职业目标也是做一名出口成章、能激起观众爱与憎的新闻评论栏目主持人，大学时期的李鑫也着重培养自己这方面的才能。

新闻评论里有一个内容叫即兴评述。为提高自己这种能力，下课后、比赛间隙，李鑫一有空就摘一段当天的新闻，即兴评论一番。李鑫还喜欢写杂文，无论大事小情，只要觉得有话可说，他就会动笔写上几段。当时西安的大学生搞过一次反日的游行，李鑫就写过相关的评论。李鑫连说话音调也追求新闻评论范儿，爱压着嗓子说话，声音听起来有些“瓮声瓮气”，让人感觉挺老练、成熟。整个大学时期，他从来没想过自己要做娱乐节目，而是自始至终特别追捧深度报道和评论，看到报纸、网络上的新闻，就像条件反射一样，脑子里立马想着应当怎么评论。即便现在，李鑫还是希望有机会能严肃一把，做一位新闻评论栏目主持人。

大学时期的老师们对李鑫的印象也是深沉、一板一眼，与如今嬉笑搞怪的风格相差甚远。2013年，李鑫的一位大学专业课老师到济南出差，看到了李鑫主持的节目后很是惊讶。“老师给我打来了电话，说完全没想到李鑫会是这个样，有这么娱乐的一面。人家都说要释放天性，李鑫这一放，也放得太开了，与大学时完全是两个极端。”李鑫笑着说。

一直想严肃一把的李鑫，后来走向娱乐节目主持人行列，其实也是顺理成章的事情，因为他天生有着逗人开心的细胞。李鑫在陕西卫视实习的时候，曾播了一条片子，告诉市民某地第二天实行交通管制，不要走这个地方。结果播放后就收到了观众的电话，说：“你们说的那个事情是真的吗？”后来李鑫想：是不是我当时给人的感觉就像是在开玩笑。但我当时是很认真地在说这个事情。李鑫的娱乐天赋，其实从刚开始接触主持人这个行当，已经开始显现。

大学时期的李鑫虽然打死也没有想过自己能做娱乐节目主持人，但如今细细回想，还是能找到将自己引向娱乐主持的蛛丝马迹。最终成为一名娱乐节目主持人，大学时期有两件事情对他影响较大：一是“挑战主持人”大赛中结识了尉迟琳嘉，另一个是在深圳参加了一期综艺节目比赛。

尉迟琳嘉出生于河北石家庄，从小就对传统曲艺产生了浓厚兴趣，爱听相声，说快板，培养了扎实的语言功底。大学修读计算机专业，没想到却对电视更感兴趣并成为择业标准。目前尉迟琳嘉就职于香港凤凰卫视，主持《娱乐大风暴》《倾倾百老汇》《笑逐颜开》等节目。在节目中，这个非科班出身的主持人收放自如、机智幽默，将说学逗唱的功力糅合在主持中，赢得观众喜爱。

李鑫第一次与尉迟琳嘉接触，是在央视“挑战主持人”大赛中。尉迟琳嘉就是要选择参加娱乐节目主持人比赛的选手。尉迟琳嘉是学计算机的，非播音主持科班出身。在比赛时，有人问他，你有面对摄像机的经验吗？他说我没有，我只有面对计算机的经验。

“他对我的影响是，我是学过播音主持的，习惯了一板一眼，习惯了抑扬顿挫、重音等，而他做娱乐节目完全不按教科书上的套路来，但观众就是喜欢他。”李鑫觉得，尉迟琳嘉对自己娱乐节目主持风格影响很大，以至于后来做《综艺满天星》之后，主任说：“哎，我还真没见过你这个路子的，你这个型的不大好找。”在李鑫之前的综艺主持人跟朱军一个范儿，属于文艺节目主持人，讲求仪态、形体的端庄，相对较严肃。

后来李鑫参加了深圳的比赛“绝对挑战”，这是他第一次接触到综艺节目。这个比赛李鑫获得第三名，虽然有愧于“李第一”的称号，但他开始慢慢接触到综艺节目，对娱乐有感觉了。

当时“绝对挑战”的考核是参赛者自己设计一档栏目，自己去准备流程，还要表演才艺。设计栏目没有难倒李鑫，可才艺展示却着实让他捏了一把汗。表演啥呢？思来想去，李鑫觉得自己没啥特别的才艺，大学时他唱歌还可以，那就来个唱歌吧。

李鑫选择了台湾歌手游鸿明的《下沙》。他来到录音棚，戴上耳机，对着麦克风，深情地唱起来：每个人都有无法忘记的人 / 思念会像细沙穿过你的灵魂 / 轻轻开了门 / 只有风雨声……唱完两遍之后，按照惯例，录音师要对录音进行后期修音。但录音师却对李鑫说：“你这个不用修，走吧。”

“我就想，录音师都说不用修音，得唱得多好啊。”李鑫听录音师说不用修，心里扬扬得意。

轮到播放李鑫的才艺展示了，当音乐响起时，李鑫都想找个地缝钻进去。他这才理解，原来录音师不用修的意思并不是指他的歌唱得好，而是根本没法修，没有一个音是准的。“第一次带着耳麦，听不到自己的声音，只能听见伴奏，不知道自己唱得怎么样。当现场播放时，我的脸一下子就红了，所有的人从导演到参赛选手，都笑得躺在地上了，因为我唱的歌无论是节奏还是音调没有一个准的。现在在公共场合演出，从没唱过歌，一句也不敢唱，有阴影了。”

经过一场场比赛，李鑫名声在外，未毕业时，陕西卫视、深圳当地电视台以及山东有线电视中心均向他敞开了大门。

权衡之下，对家乡有着浓厚感情的李鑫最终决定回到山东，进入山东有线电视中心综艺频道，担任《我是大明星》的前身《综艺满天星》的外景主持。李鑫本来抱着过渡一下的心态主持娱乐节目，可没承想，依靠坚固的专业功底和主持经验，他这“金口一开”还真主持出自己的特色，开启了自己在综艺频道“综艺一哥”的主持生涯。

成为娱乐节目主持人，虽然与最初梦想相左，可这让李鑫看到了一个不一样的自己，一个能用快乐和笑容照亮别人的人。人生原来有无数种可能性，最初未预料到的角色，未必不是最适合自己的。

Canon

第三章
初衷就是让你乐

8《我是大明星》：真正走入选手内心

《综艺满天星》是山东卫视综艺频道的金牌栏目，开播于2006年，是一档全方位、大规模的平民选秀栏目。已经成为大众实现梦想的舞台、宣传美丽山东的窗口、全社会关注的最具魅力最具活力的品牌。《综艺满天星》已经举办了多个系列的节目，包括《综艺满天星》（选秀系列）、《美丽新偶像》、《综艺满天星》（K歌挑战赛）、《小心High到你》、《大羽华裳》（全国选拔赛）、《我是大明星》等。

2010年，《综艺满天星》推出了第五系列金牌达人选秀类节目《我是大明星（第一季）》，再一次在全国引领了选秀风潮。《我是大明星》足迹遍布济南、青岛、潍坊、济宁、烟台、淄博等地，海选每到一地，都火爆异常。与以往选秀活动不同，《我是大明星》实现了从俊男靓女选秀到大众草根选拔的蜕变，发掘出一大批深受观众喜爱的平民英雄和达人偶像。

众所周知的“大衣哥”朱之文、“小杨光”王建淼、“茫然哥”张伟宏、程亚丽、“铁下巴”孙朝阳、乾子、夏菲菲、张峻豪等，都是通过这个节目而为广大观众喜爱熟知。

三五句话让你笑

泉城公园北临的经十路，是省城济南最繁华的路段之一，车流、人流不断，如今李鑫对这里再熟悉不过。山东电视大厦就坐落于泉城公园北，是李鑫上班的地方，无数紧张的节目录制、无数个不眠的夜晚，都发生在这里。

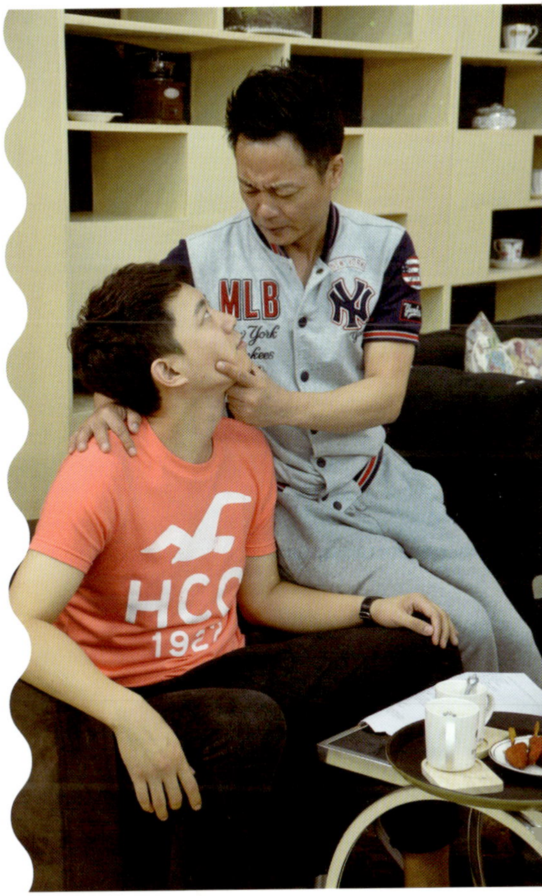

被“武大郎”欺负

九年前，李鑫还是这里的“过客”。2005 年 8 月份，李鑫到山东电视大厦面试。由于进入大厦需要出入证，李鑫只能由台里的老师出来接他上去试镜。站在楼下，他一遍又一遍地整理本来就很笔挺的西服，难掩内心的紧张。那套西服是父亲特意为他面试而新买的，父亲永远是李鑫的坚强后盾。李鑫虽然已经在陕西省内及全国范围内拿过不少奖项，取得过很好的名次，可毕竟刚刚走出校门，进入新的工作岗位，要得到同事和观众的认可，一切还得从头开始。

九年过去了，通过一点一滴的努力，原来的过客成为主人，李鑫那张面孔，也成了进出山东电视大厦大门的“出入证”，不用出示证件，保安一看是李鑫就摆手让他进去。

三个男人一台戏

李鑫由老师接进大厦，试镜过后，顺利进入山东公共频道的《政务空间》栏目做见习主持。《政务空间》是个政策解读类节目，解读国家新颁布的规定。对于前途，此时李鑫虽然不明朗，但也不悲观。对于播音主持科班出身又爱好评论的他来说，《政务空间》这个栏目也算“门当户对”。

但是没想到的事情发生了，在《政务空间》栏目做了短短几个月，也许是台里的领导发现了李鑫的娱乐主持天赋，2005 年年底，李鑫被调入山东有线电视中心综艺频道，担任一档新栏目《综艺满天星》的外景主持。李鑫有些蒙了，《综艺满天星》是个新的娱乐栏目，无论是对于这个栏目还是对于娱乐节目他都不熟悉也不擅长。但无论如何，既来之则安之，先干着再说吧！

2005 年 12 月，《综艺满天星》来到烟台，进行第一次海选，恰遇百年不遇的漫天大雪，这位年轻小伙坐在开往烟台的车上内心有难以言说的痛苦，他向车窗外望去，只见整个路上白茫茫一片，跟他的心境一样，看不到前方，前途未卜。烟台碰上百年不遇的大雪，李鑫也碰上了一辈子没有做过的综艺节目。

栏目组工作人员一路风尘来到烟台，顾不得休息，就投入到紧张的准备和彩排工作中。冒着严寒，李鑫积极准备《综艺满天星》在烟台的外景主持工作。相比于演播室里的主持人，外景主持略显“边缘化”，但李鑫并不觉得外景主持“跌份儿”，他懂得要得到别人的认可需要一步步努力，他要努力在导演组允许范围内，将自己的主持天赋发挥到最大。天气虽冷，初入职场的李鑫却内心火热，准备“牛刀小试”。

烟台的海选，条件比较差，没有高高在上的舞台，工作人员只有四人：一个摄像、两个主持人、一个导演。因为是外景，又到了外地，主持人一般首先要说，我们现在在什么地方等等，留给主持人发挥的空间并不是很大。可李鑫会把很多他认为好玩的东西融在一块儿，慢慢地那个东西成为了一个看点。

第一次录完外景之后，导演、制片人一致认为李鑫这一路数很好，以后拍东西，不用给他派导演，让他自己弄就行，串词也好，内容设计也好，就都来了。

李鑫属于什么路数呢？

当时山东的娱乐节目并不太搞笑，还是偏向文艺节目。山东电视观众看电视，感觉娱乐节目主持人和新闻节目主持人没有两样，都是一本正经的，习惯于拿着稿子背词。比如：啊，今天阳光明媚，晴空万里，我们怀着无比激动的心情来到了某地。这种语言，大型晚会时这么说行，但是作为综艺节目、娱乐节目来讲，有点不像“人话”，属于书面语言。

在语言上，李鑫始终记得在陕西师范大学上学时，老师在第一堂课上就告诉他们：主持人要先说“人话”。所以，李鑫主持时基本上说的都是口语化、生活化的语言。他所理解的综艺节目主持人就是，如果三句话不逗别人笑，那你就失败了。所以他尽可能

“我的干儿子——张峻豪”

主持网络春晚

地添加包袱、笑料。现在综艺节目中基本上听不到李鑫大段的"水词儿"，一定会在三五句话之内逗笑你，始终让大家的注意力被主持人吸引着，始终觉得主持人可能随时抖一个包袱出来，就一直关注着你。

有很多人在台上说着很流利的废话，不管是主持人也好，演讲者也好，甚至老师也好，在李鑫看来，那样的语言是没有含金量的、令人乏味的。听的时候觉得辞藻很华丽，但听完之后什么也没有记住。不如讲一些实在的话，即兴的也好，提前准备的也好，让大家听完之后能哈哈一笑，很开心。这样多好！

李鑫是如何说"人话"、抖包袱的呢？

当时《综艺满天星》有个"待定揭晓"环节，就是揭晓"待定"选手是否晋级，由主持人到其家里告知结果，并进行采访。这个任务由外景主持李鑫完成。

待定揭晓环节，许多导演和主持人已习惯了按既定套路进行：你好，你发挥得……结果……。而观众们发现，李鑫不是这样的。走进选手家门后，人家正吃饭他也吃，人家包饺子他也一块包。"我进人家家门后先聊天，大爷大妈把我当成孩子，小姑娘小伙子把我当成哥哥。"

李鑫主持的第一个"待定揭晓"环节，就表现出了幽默风趣和灵活多变的主持风格。在海选时有位选手夸下海口：“如果不晋级，我就去跳楼。”李鑫穿着厚厚的羽绒服，来到这名选手家楼下，对着摄像机说：海选时他夸下了海口，现在我就在他家楼下面，他住的是六楼，六楼啊，那跳下来可得……（做惊讶表情）。

做完烟台站海选的外景主持之后，李鑫这张年轻的面孔一下子就被同事们接受了。很多同事觉得，李鑫这个小伙子台下话虽然不是很多，可主持功底不浅，语言不华丽但绝对搞笑，而且做娱乐主持人禁忌少，创意的胆子大，而这种大胆能赢得观众的掌声。同事和领导觉得，既然台里大家都很喜欢他，那么观众肯定也会喜欢。

李鑫说，从新闻梦跨到娱乐梦，这个跨度是有点大，但并不是不可逾越。可能对娱乐主持有种天赋，一接触娱乐主持，他就给自己定好了位——主持语言要口语化。李鑫在学校的时候，有两个偶像，一个是白岩松，另一个是吴宗宪，他们是两个极端。李鑫大学四年，看过《我猜我猜我猜猜猜》《王牌大明星》《周六乐翻天》等，只要是吴宗宪所主持的娱乐节目，他都看过。所以实际上，他对综艺节目的认识，或是对综艺节目主持人的认识，就是从这个人开始的。“当时看的时候是出于兴趣，就如同一般年轻人爱看综艺节目，觉得好玩。我觉得这个人就是综艺节目主持人该有的样子，我做娱乐节目也应当是那样子才对”。

烟台站的海选以后，李鑫就形成了自己的风格，直到今天一直坚持这个风格。到了后来，李鑫语言口语化、时不时抖出包袱的特点，影响了综艺频道整个团队，包括后来进来的新人。刚毕业学播音的新人，一说话全都是字正腔圆的，领导会让李鑫多带一下他们，用娱乐节目对主持人的要求来教导新人。

喜剧学院造型

娱乐节目对主持人的要求是什么？李鑫认为，首先是服从于节目，娱乐节目就是好玩、开心、搞笑。而刚到台里的主持人对自己的要求是字正腔圆，音要饱满，不能有语音错误、断句错误，所以很容易就“端着”。面对新人，李鑫这样说：把你四年所学的，除了字音，其他的一些技巧全都忘掉，就像跟朋友聊天一样，底下坐着的全都是你的朋友，台上的也是你的朋友，两边的人都不认识，你要介绍他们相互认识，一块玩好玩的，就行了。“我跟他们说，我自己的感觉是，好的节目主持人一定是个捧哏的演员，捧完了这个捧那个，还要给人家接话。这就是播音主持人和综艺节目主持人不一样的地方，因为在学校里的时候没有实战，教课的不少老师也没有做过主持人”。

这个主持人有点“坏”

李鑫起初做外景主持，一步步积累经验，后来慢慢能做直播，成为《综艺满天星》的台柱子。经过无数场外景主持和直播主持的历练，李鑫形成了自己的主持风格。这种风格，用有些观众的话说，就是有点“坏”。当然它是加上引号的。

为什么这么说呢？因为经常在节目中看到李鑫捉弄选手，搞得选手很可怜，很尴尬。其实作为参赛选手来讲，他们并没有被捉弄的感觉，选手们知道这是一种表现的方式，为了达到更好的效果。

有个事例让不少观众印象特别深刻，李鑫的“坏”由此也可见一斑。在一次海选的待定揭晓环节中，李鑫给某选手送晋级的消息。进选手家门前，他跟导演说：“先给我个淘汰的单子。”

进入选手家里后，李鑫很自然地跟选手聊起家常：“大哥，家里面最近怎么样。”聊的时候李鑫装作不小心将那份淘汰的单子掉在了地上。

看到淘汰的单子，那名选手脸就僵住了，不跟主持人聊天了，看起来心情很不好。李鑫说，我给你揭晓一下结果。那位选手说，我不在乎这个，参加节目就是玩，要什么结果，晋级了也没时间去。

这时，李鑫一下子拿出晋级单子来。那位选手又愣住了，说：“哎，那个淘汰单子呢？哎呀，你这个坏小子呀！哎呀，可吓死我了！”这戏剧化的场面，都被摄像仔细记录了下来。

“这种‘坏’我的理解是，只发生在关系很好的人之间，我把选手当成同学，而我是一个调皮的学生。绝不是我是一个很强势的人去欺负你”。

曾经有位自称是高僧的选手，表演硬气功，他头上顶一个很大的大理石，让人拿着锤子砸大理石。当他顶上大理石后，

那时，可真瘦！

李鑫就一直跟他聊天，聊了五分钟，他的脖子都歪了，说，你到底让不让砸了。

《快乐向前冲》2014 年开幕的时候，把表演硬气功者请来了。他见了李鑫后很亲，说：“我做了这么多节目，就是跟你合作的时候觉得最舒服，有效果。”虽然节目中表演硬气功者受苦了，可节目给观众留下了深刻印象，大家都记住了这位高僧。

选手们评价李鑫的“坏”时说，这种坏，就像有些人会喜欢调皮的孩子那样，调皮的孩子不是故意让人难堪、故意伤害人。有的主持人上去会给人一顿“暴剋”，选手肯定面子上挂不住，而李鑫并不是这样，他的“坏”，并不会伤害到选手。

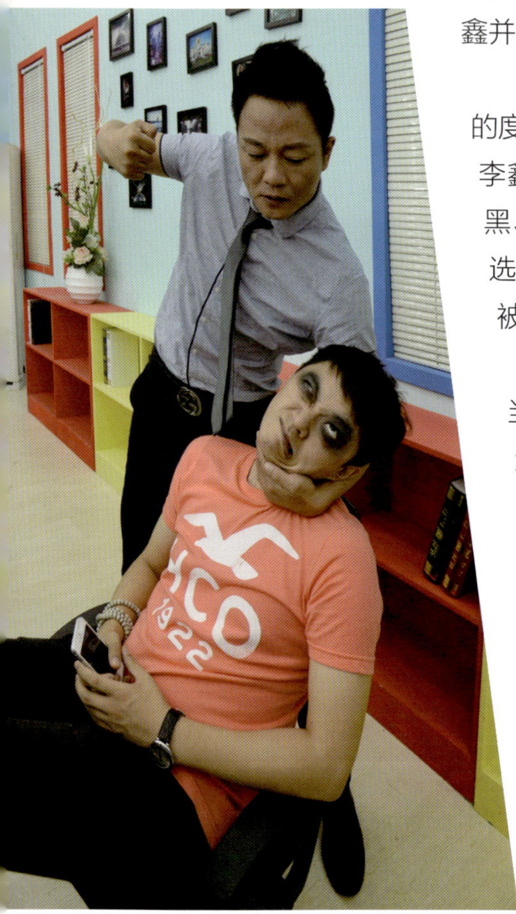
天天被“打”

过犹不及，“坏”过了头，就不妥了，如何把握“坏”的度，这也是一门学问。凭这么多年的主持经验，李鑫对如何把握度，总结出了窍门：你首先得自黑、自嘲，主持人先吃个亏，然后再开玩笑，那样选手就知道你是在开玩笑，不是在贬低他，没有被捉弄的感觉，那样就好了。

李鑫也说，自己的这种“坏”，是一种甘当绿叶的“坏”。“我觉得在山东当主持人这九年，我如果开一些玩笑，别人已经笑到不行的时候，我不会让你觉得我在轻视你、取笑你，还是尊重你的。我在跟你开玩笑的同时，我是自嘲的，我会把自己降得比你还低，然后再跟你开玩笑。我不能俯视你。”

因此，在选秀节目中，李鑫一直将主持人定位于一种捧哏的角色，不去抢选手的风头，更不会贬低选手。李鑫说：“我一直觉得做选秀节目主持人，应该给自己的定位就是做捧哏的。就像说相声，有逗哏的，有捧哏的。郭德纲为什么出彩，

这个“西瓜太郎”是谁？

他是逗哏的，捧哏的是绿叶。该我去补充的时候、锦上添花的时候，我去做。我们领导也说，综艺选秀节目，必须把选手托出来，选手托不起来的话，咱们选秀节目就什么也没有了。所以我自己的习惯是，把选手托起来，在这个范围内我再尽量发挥自己。好的综艺节目主持人应该都是捧哏的，不是逗哏的。人家嘉宾来了，人家来表演，主持人老打断人家表现自己，人家会很烦。”

看似没有正形却“真正走入选手内心”

这个有点“坏”的主持人，动不动咧嘴哈哈大笑，动不动做出经典的大猩猩动作，给人的另一感觉就是“没有正形”。

当问及对李鑫的评价时，武文曾调侃地说，李鑫没有正形，很坏，在他眼里没有好人，他自我感觉良好。接着，武文又一本正经地评价李鑫道：他是非常优秀的主持人，在场上的反应力特别强，尤其是直播的时候，控制能力特别强，有着非常深厚的在主持方面的底蕴和能力。武文还特别强调：他是一个优秀的主持人，一个优秀的演员，同时也是一个有趣的朋友。

在《我是大明星》这本书上，有这么一段话评价李鑫：他是一位非常敬业的主持人，一个不拘常理又极有条理的主持人，一个看似嬉笑怒骂没有正形，却是一个真正能走入选手内心的人。

李鑫怎样“没有正形”呢？三岁的小选手张峻豪第一次登台，面对这个跳广场舞跳得神似“大妈”的孩子，李鑫喜欢得不得了，便现场“挑逗”起这个孩子。张峻豪有个习惯，只要听到“我跟你说句话”或“你给我说句话”，就会嘟起小嘴亲一亲对方。在台上，李鑫蹲在张峻豪身边，无数次跟他说“我跟你说句话”，峻豪便无数次地亲一亲李鑫。有时候为了节目需要，李鑫在舞台上或躺或蹲，“不顾形象”地哈哈大笑……

“‘儿子’为我过生日”

不但“挑逗”选手，李鑫还调侃评委老师。面对评委老师给峻豪亮灯，他诙谐地评价姜桂成、田慧、武文三位评委老师是“无原则”三人组。在 2013 年的一期节目中，评委武文上台秀了一把，他躺在软凳上抬起双腿蹬大缸。这个动作做完后武文累得够呛，喘起粗气。李鑫则大呼周围人，别拉起武文老师，让他自己起来，让武文哭笑不得。

李鑫怎样真正走入选手内心的呢？对台上的选手，不论是普通农民，还是表演家、艺术家，他都给予了足够的尊重。

选手“断腿七绝侠”上场前，李鑫并不知道对方身有残疾，介绍时调侃地说，这是个什么名字？而当选手上场的时候，看到选手残疾状况后，他立马致歉，并再三表示歉意，收起所有的玩笑，用心与对方交流。

调皮的“儿子”

听说盲人选手栾文海多年没吃过炒菜、每次吃菜只是用开水将菜烫熟后，李鑫感动落泪。从来不下厨的李鑫为栾文海亲手炒了一盘蒜薹炒肉。这是李鑫第一次下厨，耐心地炒了三次，最后一盘才“大功告成”。台下他还特地把自己的手机号告知栾文海，让他有事儿给他打电话。

2012 年 6 月 17 日，失去双腿的歌手陈州站在了《综艺满天星·我是大明星》的舞台上，当他深情的演唱结束后，在观众热烈的掌声中，身高一米八三的李鑫走上舞台，跪在地上与陈州交谈，两人处于同一高度。

对于李鑫的这一举动，后来有人在《演讲与口才》上发表评论：原来，看似同等的高度，是因为主持人充满尊重和敬意的一跪！那一刻，主

“巨人”阿速——网络春晚中

持人李鑫的善良与高尚深深打动了我。他为什么要选择这样一种姿势？他是不希望自己高大的身材给面前这位身体已经不健全的小伙子再带来心理上的任何压力，他不想让他有丝毫的自卑，也不想带给他丝毫的不便，所以他果断地采取了这样一个平等的姿势，不去俯视他人，也无需他人仰视。

有时候为了节目效果，娱乐节目的主持人不可避免地要触及到别人的私事，甚至触及别人的伤痛，稍不小心可能就会伤害到别人。对某一类选手，李鑫心里会极其纠结。哪一类选手呢？就是遭遇过重大灾难的选手，比如说身患重病、亲人去世等。但是为了达到节目效果，让更多的观众了解选手，不得不在大家面前，把选手的伤口展示出来，这样观众才能够感同身受。但是这个过程对于当事人来讲，很痛苦。

比如，有一个家庭，孩子患了重大的疾病，对此父母、孩子都不愿意说。但主持人却要反复地去问，你的孩子是什么时候得的病啊，他病情发作的时候怎样痛苦啊，你心里是什么感受啊。如果人家亲人离世了，还得问人家，亲人离世时，是不是特别痛苦啊。

主持人如果不问的话，观众在电视机前可能没有那么强烈的感受。所以，有时候主持人要硬着头皮去问，去揭开人家的伤疤展示给观众。

李鑫记得采访过一个烈士的父母，已经六七十岁了，在节目现场又要回忆起与孩子的点点滴滴，很是难受。看见老人这么难受，有些问题李鑫实在是不忍心再问了。比如 2014 年第八届全球华人网络春晚节目，邀请到两位烈士的父母，他们的儿子是抢救北京石景山火灾而牺牲的两个山东籍消防战士，台里决定尽量不要对老人造成伤害，所以就没有跟他们进行过多的交流，而是把他们的战友请到节目现场，让战友回忆他们生前的为人做事。

李鑫曾有微博说：“最不想做的就是在节目中触及别人心里最疼的那个地方。为了节目效果让你难过，请你原谅，身不由己。”李鑫说，节目中他会最大限度地给选手以平等感，尽量不去触及选手内心的痛。

其实每当问到这些问题，每当看到别人落泪的时候，主持人的心里也很难受，这是因为主持人让他们又一次进入痛苦的回忆。有时候观众会说，你怎么这样反复问人家。这的确没办法，电视节目就是这样的。所以对他们的采访，是李鑫心里最纠结的。

主持 2015 网络春晚

《我是大明星》中捧出的草根红人

李鑫主持的《我是大明星》，捧出了不少草根红人，让一个个普通人实现了明星梦。正是通过该节目，不少普通的家庭、普通的百姓才有机会站到聚光灯下，表演出他们的才艺，为广大观众所熟知。其中出类拔萃者更是凭借自己过硬的实力，通过《我是大明星》的宣传，进一步站在了全国的舞台上，成为全国观众喜爱的草根红人，其中就有大衣哥朱之文，还有三岁的广场舞小达人张峻豪。

在台上，选手们是李鑫的服务对象，而在台下，他们又是亲密的朋友，李鑫知道这些选手不为人知的另一面。

先说朴实的大衣哥朱之文。

2011 年，《我是大明星》在济宁举行海选。海选现场，朱之文身穿破旧的军大衣，头戴破旧的线帽，演唱《三国演义》主题曲《滚滚长

江东逝水》，技惊四座，轰动全场。后来，海选比赛的视频被网友疯狂转载，视频点击量超过百万，成为朱之文成名视频。

朱之文随之声名鹊起。2011 年 3 月 25 日，朱之文到北京参加央视《我们有一套》节目录制，并被称为“苏珊大叔”。

随后朱之文参加《星光大道》周赛和月赛的录制，凭借《滚滚长江东逝水》《驼铃》以及和于文华合唱的《沂蒙山小调》等，先后获得《星光大道》周赛冠军和月赛冠军。2012 年初，朱之文登上 2012 年中央电视台春节联欢晚会的舞台，演唱《我要回家》。

朱之文 1969 年生人，是山东菏泽市单县郭村镇朱楼村人，一位普通农民，小学二年级没上完就辍学了，以种地、打零工为生，全家年收入仅五千元左右。可这位怀揣唱歌梦想的农民不甘心种地务农，始终想实现自己的歌唱梦。于是，他刻苦自学，自学五线谱，每天早晨坚持练歌。功夫不负有心人，经过几十年的努力，朱之文终于在舞台上实现了自己的歌唱梦。

回忆第一次见朱之文的情景，李鑫至今记得很清楚。当时，朱之文穿个军大衣，戴个破帽子，帽子上还粘有草。

朱之文后来跟李鑫聊过他是怎么来参加节目的。2011 年，《我是大明星》来到济宁举行海选，当时朱之文在济宁一个工地上打工，一天赚五十块钱。打工第一天，在工地吃完饭有半小时休息时间。听说朱之文会唱歌，很多工友就要求朱之文唱歌，但朱之文没有唱。第二天，又有很多人张罗让他唱歌，朱之文就唱了一小段，迎来阵阵喝彩，大家都知道了朱之文的唱歌天赋。

有一天，朱之文在工地上晾晒了一双破布鞋，不久破布鞋不见了，后来发现布鞋在工地一位老头那里。他去跟那个老头理论，说你偷我鞋子。那个老头说，是狗叼的，不是我拿的。

就在朱之文与老头吵起来的时候，朱之文的老板打圆场，说：“都是在我们这儿工作的，不可能上班还偷鞋子。”

接着，老板对朱之文说：“济宁在海选唱歌，你唱歌还行，不去试一下吗？”就这么着朱之文去参加海选了。当时天气特别冷，他翻箱倒

[illegible]文[illegible]来为“天衣哥”朱之文助威

想要个漂亮女儿

柜也没有找到好衣服，觉得只有军大衣还好，就穿着军大衣，戴顶破帽子，来到海选现场。于是就有了观众所看到的“大衣哥”的经典形象。

朱之文的序号为 8 号，他前面的 7 号唱歌跑调，下面的人就喊：下去，下去。朱之文就有点害怕，感觉更加紧张，脸通红。但他一开口唱歌，众人便纷纷鼓掌，他紧张的情绪一扫而光，凭借过硬的唱功，朱之文顺利晋级。

朱之文家里生活很困难。李鑫说，朱之文困难的时候，一年加起来也就能收入两三千块钱。最穷的日子是正月十六，因为正月十五之前一直走亲戚，花费大，到正月十六就“弹尽粮绝”了。最拮据时家里饭都没得吃。

朱之文曾告诉李鑫：如果到正月十六，手里面能剩下二百块钱，那这一年就算是好年景了。虽然他也种地，也打工，但是就是喜欢唱歌，心思不在工地上。

对朱之文的感觉，李鑫说，他是非常朴实且聪明的人。每次见到李鑫，朱之文都操着一口浓重的菏泽话说，李老师，你辛苦了，来了也没给你带啥东西，下次吧，下次吧。“可哪一次也没见到他给我带的东西。”李鑫笑着说。

朱之文对梦想的执着，让李鑫为之赞叹和佩服。“一个只有小学二年级文化水平的农民，不识字，不懂五线谱，更没有经过专业训练，却靠着对梦想的执着追求，几十年如一日地练习唱歌，即便是在生活最困难的时候也没有放弃过这个梦想，这值得我学习。”

“哪像我了？”

现在，朱之文已由选手升级为《我是大明星》的评委。别看大衣哥农民出身，“一身土气”，可他还挺“好为人师”，当评委也很专业。看看他当评委的语录吧：“哎呀，你这个后槽牙没有打开。”“你这个声情并茂，很好。”“你这个开口音、闭口音……”已俨然一副老师的样子。

再说广场舞舞神张峻豪。

三岁的张峻豪是《我是大明星》捧红的一位草根小明星。谈起张峻豪，李鑫的喜爱之情更是难以掩饰，这个 30 岁出头的大男孩脸上露出了慈父般的微笑。

综艺频道所有关于张峻豪的节目，都是李鑫做的。李鑫也打心眼里

《明星宝贝》第一期

喜欢这个孩子，曾半开玩笑地认张峻豪为干儿子。通过节目，李鑫和张峻豪在主持人和选手的关系基础上增添了亲情。

他对张峻豪的评价是“丑帅”。李鑫说，我这个儿啊，眼睛特别小，丑帅丑帅的，又丑又帅的，但是大家都喜欢他。峻豪见了李鑫就爸爸、爸爸地叫。他还经常在微信上给李鑫留言，说“爸爸我想你了”，这句话让喜欢孩子的李鑫心都快融化了。李鑫说，见了这个小家伙，他就不自觉地想对他好。

张峻豪六个月的时候，他家旁边刚建好一个广场，广场举行建成典礼，有军乐队表演，峻豪看到兴奋得不行，左手被妈妈牵着，右手紧紧攥拳，上下晃动模仿着乐队指挥的动作，学得有模有样。峻豪十个月大就学会了走路。一岁时，峻豪跟着奶奶去广场散步，他并不太喜欢和广场上差不多年纪的小朋友一起玩，而是盯着众多阿姨、奶奶学跳广场舞。回到家里，奶奶跳的时候，他也跟着跳。两岁时，他已经能完整地跳出广场舞《踏浪》。2013年，张峻豪参加《我是大明星》节目，一脸严肃的表情，像模像样的广场舞表演，萌翻全场，一路过关斩将，最终荣获第四名。

这是个几万人参加的节目，能获得第四名对三岁的张峻豪来说很不容易。别看张峻豪年龄小，在舞台上，那气场可是十分强大。随着《踏浪》舞曲的动感节奏，他时而做“张氏俯卧撑”，时而搞“含糖量”十个加号的“我跟你说句话”，让观众对这位小萌童充满喜爱。而舞神张峻豪还能变身机器人，先来一个淄川口音机器人版的自我介绍：“大家好，我叫机器 len，我今年三岁了。”立刻笑翻全场。接下来机器人表演更是萌翻全场，让观众和评委失去了“免疫力”，赞道“可爱至极”！张峻豪的表演已成为现场观众和工作人员最期待的节目，小峻豪也真的是不负众望，每场一曲新舞蹈、每场一个新造型，比如经典的《杰克逊》、小娘子版的《回娘家》、乌叔的《绅士》，场场都拿出最耀眼的节目来回报观众与评委。

在舞台上，李鑫还不时“挑逗”一下张峻豪。张峻豪有个习惯，只要听到“我跟你说句话”或“你给我说句话”，就会嘟起小嘴亲一亲对方。在台上，李鑫蹲在张峻豪身边，无数次跟他说：“我跟你说句话”，让峻豪亲一亲他。李鑫曾经深情地说，站在我身边的这个孩子，才三岁，还散发着奶香，让他亲一下，一天录节目的疲惫真是顿时烟消云散。

李鑫看着峻豪一点一滴地进步，很为他高兴。2014 年初，峻豪登上央视《出彩中国人》的舞台，并成功晋级，李鑫更是看在眼里，乐在心里。

喜欢的声音很强大，反对声也存在。好多人认为这样一个小破孩儿“荣誉加身”不公平：他什么也不会，不就会跳个舞吗？但李鑫对此有自己的看法。

李鑫说，只要是被人喜欢，这就是本事。即使某位选手再厉害，如果观众不喜欢，那又有什么用呢。而张峻豪虽然年龄小，在很多人看来没多大“本事”，可观众喜欢他的事实摆在那里。

李鑫说，张峻豪之所以被大家喜欢，一方面是这孩子特别的聪明。他跳舞都不是别人教的，他两岁时，妈妈领他去广场上，看老头老太太跳舞，他能两天学一个舞蹈。他身上烙着深深的广场舞的印记。你发现没有，跳广场舞的老头老太太，虽然在跳，但是他们脸上是没有表情的，张峻豪跳舞也是那样，板着脸跳。我说他：儿呀，你模仿得太像了，连表情都一样。

另一方面，这个三岁的小家伙在台上表现出的童真童趣也让人为之捧腹，那种真诚和个性在成年人选手身上是很难看到的。在台上，张峻

豪曾扔过话筒，正录着节目就跑下台哭过。有一次，主持人和评委逗他，说他被淘汰了，他一气之下就把话筒扔了。还有一次，为了节目效果，工作人员给张峻豪穿上了小女孩的衣服，戴上假发，这下子峻豪不乐意了，一个男孩子怎么穿女孩的衣服呢，顿时哇哇大哭，硬是不上台表演，直到换上男孩的衣服才停止“反抗”。这种童趣，让观众轻松一笑，这不就是选秀节目的一个出发点吗？

2014 年李鑫生日当天，正在录制节目的李鑫得到了一份特别的生日礼物：张峻豪来到节目现场，为“爸爸”李鑫庆祝生日，送上蛋糕，亲一亲李鑫的脸，让这位“爸爸”泪洒现场。

初衷仅是让人快乐

从 2006 年开播的《综艺满天星》，到如今的《我是大明星》，李鑫陪伴这个选秀节目走过了八年，这么多年来他见证了很多人的改变，包括一个家庭、一个人的改变。李鑫也跟随节目变得成熟，形成自己的主持风格，并为观众所熟知。李鑫对选秀和明星，也有着自己的理解。

李鑫说，“我是大明星”这个名字本身就是一种态度。以前我们总会觉得，明星离我们是那么远，他们出现在电影中或电视上，光鲜亮丽，耀眼夺目，一举手一投足，在我们看来都魅力十足；明星所到之处都是鲜花、掌声、欢呼声……从没有想过我们身边的人，或者我们自己会成为明星。而《我是大明星》颠覆了这种想法，重新定义了明星，让每个走上舞台的人都找到了当明星的感觉，都当了一回大明星。

选秀节目成就了很多普通的老百姓，如朱之文、张峻豪、程亚丽等。他们很单纯、很质朴，为了实现自己的梦想，在舞台上下，奋力拼搏，那种精神和劲头让人很受感动。

现在，《我是大明星》已被许多观众熟知、喜爱，并寄予了厚望，加上了很多附加值。“不少人希望借这个节目改变命运，这个我并不赞成，比如有很多人唱歌连个调也找不准，却希望借着节目改变命运，这不是没谱的事嘛。”

李鑫说，希望大家——不管是观众还是节目参与者——都抱着娱乐的心态看待《我是大明星》。这只是个让大家开心的节目，不是在比赛。这是一个秀，一个参与者快乐、观看者快乐的节目，至少我们的初衷是这样。

《我是大明星》除了成就了许多选手外，也让李鑫红了一把，光环加身。李鑫曾感慨道：从播音主持专业毕业后，我一直把主持工作看作是一份如摄像、编导一样的普通电视工作，因为它只是节目当中的一个组成环节，我和我的同事们一样，只是分工不同。但因为我在电视上“露脸说话”，这种特性给主持人这份工作带上了光环。加之，综艺频道的节目一直创意超前，融合了许多其他的艺术门类，比如唱歌、跳舞、表演等，慢慢地我也就不再只是一个说话的主持人，久而久之也混入了“明星”的行列。“其实一直到现在我还在纳闷，什么时候我就成了明星呢？”李鑫时常感慨。

光环容易让人陶醉，认不清自己，李鑫觉得这最可怕。白岩松曾说过一句话，中央台这种地方，拉条狗进演播室，连播一个月，也是中国名狗，进而总结出了一句话，不要自己背靠大树就以为自己成了大树，这是很搞笑的。“这对我是有提示作用的：你做的是一份工作，因为这份工作，所以出名也好，获得了利益也好，这只是衍生物。只是因为我们节目好，我所在的平台好，所以大家了解李鑫，不等于你这个人有多优秀，所以保持清醒最重要”。

9 《喜剧学院》：多面李鑫

《喜剧学院》是山东电视综艺频道 2008 年 12 月推出的一档娱乐搞笑节目，讲述在一所拥有一百多年历史的喜剧学院的课堂内外发生的搞笑故事。节目自开播以来，受到了青少年观众的喜爱，拥有数量广泛且稳定的收视群体。《喜剧学院》特邀著名导演武文，知名节目主持人阿速、李鑫、张敏健，相声演员姜桂成，著名歌手刘忻（小鬼），艺人王亚飞、龚毅、殷光栋、马启光等人参加节目录制。2008 年 12 月 7 日首播，2010 年 8 月停播。

“喜剧学院，快乐无限”，是栏目的口号。在《喜剧学院》中，著名导演、演员武文不再是专业的评委，变身为憨傻、趣怪的古板老师，著名主持人李鑫、歌王殷光栋、主持新秀张敏健、情歌王子王亚飞、嘻哈王子龚毅组成捣蛋大军，师生之间斗智斗勇，笑话百出。

《喜剧学院》分为几个板块：“爆笑课堂”——在这里学生们不仅学习语文、数学、英语、地理等常规课程，更有表演、舞蹈等艺术类课程，每一堂课都是师生间语言的交锋，智慧的较量。“音乐课堂”——在这里演员们用音乐作船，用喜剧当桨，玩转音乐与喜剧。“台词变变变”——同学们用各种各样的方法演绎电影中的经典台词，评选搞笑和创意程度。“课间十分钟”——同学们做各种游戏，含着水唱歌等，让观众开怀大笑。“学院外传”——记录同学们在生活中发生的各种搞笑片段，如考试、拔牙、追求女生等。“快乐实习生”——喜剧学院的学生们尝试各种职业，侦探、厨师、职员、家政人员、忍者等，还进行外星探险、野地探险、海岛探险、野人区探险等。

人气一下子爆棚

《喜剧学院》系山东电视综艺频道自己编剧、自己演员表演的节目，属栏目剧的形式，节目中充满爆笑和搞怪的桥段，有点小品的意思。无论是创意还是演员的表演形式，均可谓近几年山东省内非常具有革命性的节目。

2008 年，导演找到在综艺频道渐渐崭露头角的李鑫，希望李鑫加入《喜剧学院》，李鑫一口答应。栏目剧中角色有轻有重，有主角有配角，导演为李鑫找到了适合他演的角色——一个叫“李鑫”的捣蛋鬼，这是

喜剧学院

男一号的角色，多数的笑料包袱都在他身上。

2008 年底，《喜剧学院》开拍，李鑫一改主持人形象，以演员的形象与观众见面。当时，初入职场仅两年的李鑫知名度还不像现在这样高，《喜剧学院》则在最短的时间内让更多人认识了“大猩猩”李鑫。

“《喜剧学院》从我这里说是怎么也绕不过去的话题，我的‘大猩猩’的外号，就是从这里开始叫响的。”在《喜剧学院》中，固定班底九个人，一个老师，四个男学生和四个女学生。李鑫在剧中演一个叫李鑫的捣蛋学生，这个捣蛋学生是主角，所有的故事都发生在他身上，所有的包袱也都在他这里。

剧中，那动不动就摆出的大猩猩造型，成为李鑫的经典动作；“大猩猩”也成为李鑫的绰号和观众对他的爱称。原本主持风格中还略带些羞涩的李鑫，完全把自己放开来，饰演各种搞怪形象，穿丝袜、穿空姐衣服、穿高跟鞋，变身“异装癖”。

这个栏目在收视上也是一路攻城拔寨高奏凯歌。收视率高到什么程度呢？李鑫说，目前山东省内初中以上大学以下的学生，很少有不知道这个栏目的。

“当年节目的收视率非常高，我们剧组每到一个地方表演的时候，现场的观众一般都是一两万人。”回忆起当年《喜剧学院》的辉煌岁月，李鑫说，如果《综艺满天星》算是预热，《喜剧学院》则像一个微波炉一样，瞬间人气爆棚，李鑫作为一个主持人慢慢有了像明星的感觉了。通过《喜剧学院》，李鑫让很多观众认识了他，接受了他。李鑫回忆道，《喜剧学院》拍完几期后，走在路上，会有观众上前问：“哎，你不是那个李鑫吗？”

后来，《喜剧学院》在深圳少儿频道、广州少儿频道等播出，也让不少省外观众认识了李鑫。有个孩子家长给李鑫留言道：李鑫，你这次出名出大了，你们的《喜剧学院》在广东播出，小粉丝们太多了。他们的妈妈说，如果他们能见到你，肯定能激动死，小粉丝们都爱死你了。

同事们和不少观众还发现，《喜剧学院》让李鑫来了个身份转变：从原本多少有些“端着”的主持人，变成了一个“完全不顾形象”的演员，观众一下子感觉李鑫放得很开了。

谈到《喜剧学院》对自己的影响，李鑫也说，这个栏目让他做到了“忘我”。“在你扮演一个角色的时候，你就必须是他，而不再是你自己了，别再有所谓的不好意思，否则你很难入戏，永远不会有进步。这其实跟主持节目有异曲同工之妙，主持节目时，主持人也应当学会‘入戏’，放下所谓的‘架子’，达到放松与松弛的境界，融入主持中”。

看我七十二变

在第一期节目中，饰演《喜剧学院》老师的武文说，喜剧学院的宗旨，就是给大家带来欢笑，整个节目正是以给大家带来欢笑为己任的。帅小伙儿李鑫作为节目的一分子，完全抛弃其帅气形象，通过搞怪和嬉笑怒骂的表演风格，带给观众无限的欢乐。难怪有观众调侃道：“‘大猩猩’李鑫满地乱转，那原本英俊的形象碎了一地。”

择出李鑫“七十二变”之一二，看看他的努力和才华。

先说“异装癖”李鑫。

在表演中，李鑫可谓花样百出，身着各种“奇装异服”，甚至不顾形象地穿上女装，反串一把。

一身红色和银色组合的外套，搭配着银色头盔，穿着奥特曼的衣服，做几个奥特曼经典的抬手动作，说话一个音调，扮起了奥特曼。

一身迷彩服，头戴钢盔，阳光帅气。除了搞怪，还有实战演习等，过了一把当兵瘾。

为了与对手比拼舞蹈，李鑫在内的四位男学员还换上一身西装，戴上墨镜，手拿斧头，俨然一副黑帮老大派头，跳起镇宅之舞——斧头舞。

穿上空姐服，戴上空姐帽，说话声音、语调和肢体动作也模仿女性；穿一袭紫红色的长裙，系上小碎花的丝巾；穿着丝袜，穿着乘务员小姐的衣服，边推着小车边喊：“有要矿泉水的吗？有要火腿肠的吗？”真可谓“娇”态百出。

在“快乐实习生”板块，在武文老师开的喜剧学院食堂内，李鑫则客串了一把服务员，模仿小沈阳在春晚小品中的打扮，穿一袭苏格兰情调的长裙，掀开长裙露出丝袜，自诩为“食堂西

没想到因为一只“猩猩”火了！

施”，不时抛媚眼，与小沈阳的女性装扮比起来有过之而无不及。面对武文老师惊讶的表情，李鑫扭捏地说：“你懂什么呀，这是最美的造型了。”后来李鑫又换上了粉色的围裙，前面画着小白兔，又扮起了“小可爱”。

穿女性衣服，李鑫并没觉得不好意思，而是很快乐。李鑫笑称，现在再让他穿不一定会穿了，不是因为不好意思，而是因为现在发福了怕是穿不上了。

再说捣蛋的“鸡冠头”李鑫。

在“爆笑课堂”板块，李鑫每堂课都是最后一个赶到，变身捣蛋鬼形象，进教室门后必定戏弄武文老师一把，有时将武文老师气得晕过去，有时则气得无话可说。他那鸡冠头的造型、大猩猩的动作和表情，成为李鑫的经典标志，在观众心目中留下了深刻的印象。

迟到的李鑫与老师周旋中时不时抖出笑料。在第一期节目中，李鑫上课迟到，进入教室时，老师正要拿他问罪，他反而跟老师卖起乖，故作神秘地告诉老师：“刚才，我在外面看见了师娘，跟一个男的牵着手，还亲他。”正当老师着急要晕过去时，李鑫话锋一转，说：“太不像话了，多大了还让他妈领着。”

在另一期节目中，李鑫走进教室说：“天太冷了，来瓶二锅头。”被老师赶出教室重新进入。他将教室门口挂上了写着“酒”的幌子，进门就喊：“一杯扎啤、20 个板筋、20 个红腰子。”

课堂中，老师向李鑫出了一道填空题：中国的煤都是（ ），中国的铁都是（ ）。李鑫的答案是：中国的煤都是黑的，中国的铁都是硬的。武文

老师气愤至极，告诉李鑫，煤都（dū）是抚顺铁都（dū）是鞍山。而李鑫一本正经地说，自己的答案没错，这个填空题应该这样断句和读音：中国的煤 / 都（dōu）是 / 黑的，中国的铁 / 都（dōu）是 / 硬的。

面对武文老师提问“杯水车薪”是什么意思，李鑫一本正经地解释道：“杯水车薪，就是用一杯水，当作给车夫的薪水。”

“我其实挺喜欢表演”

李鑫曾谦虚地说自己没有什么才艺，但通过《喜剧学院》，观众看到了李鑫的表演天赋。

在《喜剧学院》中，李鑫随时会将眼一闭，半蹲着走路，学起了大猩猩，在课堂转了一圈还不过瘾，还嚷道“给我香蕉”。这高难度的模仿大猩猩的表情和动作，让不少粉丝竞相模仿，并评价道：“李鑫的高难度‘大猩猩’脸，谁能有他的三分风采？”

在“快乐实习生”板块，武文开设拳击馆，李鑫戴上拳击手套，撒泼耍滑，完全不顾形象，与几个大男人玩起丢手绢，并与摄像老师及其他剧组工作人员互动，将舞台延伸出去。在拳击比赛环节，李鑫模仿大猩猩的动作，连击几拳将对手张敏健打晕。

“大猩猩”的造型最初是怎样走上舞台的呢？老师武文教英语，说：“早上好这么说：good morning。”李鑫就重复了一遍。武文说，你得真诚一点，要发自肺腑。然后李鑫喊着喊着就变成大猩猩的造型了。

第一期节目播出后，大家认为大猩猩造型的效果非常好。因为要给每个人物定一个特点，既然大猩猩造型挺好，那就给李鑫定了这个特点。

后来有观众总结道，李鑫“鸡冠头”的造型，吊儿郎当的形象；称呼老师“老武”“武二郎”，豪爽地叫老师“爷们儿，过来”；被老师批评后，翻白眼；当答不上问题时，会将两手臂下垂，两手握拳，头上扬，嘴张开，摆出一副大猩猩的造型……这些，让李鑫在观众心目中留下了难以磨灭的印象。

现在走到哪儿，不论是穿着西装还是休闲装，人家都说：“来个大猩猩造型。”这让李鑫有些哭笑不得。

比起主持人工作，李鑫其实更喜欢表演。在主持人这个角色里面，他既是他自己，有血有肉，也是在扮演一个叫李鑫的主持人，要不动情感。

比如有些选手的悲惨遭遇会让主持人李鑫觉得很难受，会哭，但他不能过于激动。而《喜剧学院》里面李鑫则是另外一个人，只要他符合这个角色就行，他想哭、想笑、想闹，都可以。李鑫说，其实他非常喜欢表演，因为表演能让他完全释放，《喜剧学院》为李鑫提供了一个释放的舞台。

另外，为了配合剧情需要，李鑫也将才艺表现出来。虽然才艺算不上专业。

“闲言碎语不多讲，表一表好汉武二郎；那武松，身子高大一丈二，两膀拕开有力量……”配上夸张的动作，李鑫在课堂上秀起快书。

“吃葡萄不吐葡萄皮，不吃葡萄倒吐葡萄皮，吃葡萄也别吐葡萄皮……”“红凤凰粉凤凰红粉凤凰花凤凰”。李鑫不但以标准的普通话熟稔地秀起绕口令，而且随着动感的节奏，秀了一把舞技。

如果说刚开始表演时，李鑫还略有些放不开，但到了后来，李鑫表演得就游刃有余了，无论是客串肩膀上戴着大猩猩的“邪恶”老师，还是在植树节时浑身裹着绿布，手里拿着树枝扮成绿树，都显得游刃有余、收放自如了。

主持和表演，看似不沾边，但其实是相互促进的。李鑫说，《喜剧学院》演完了之后，对自己的主持能力提升很大，让自己放得更开了，原先主持有些节目还觉得不好意思。其实很多主持人，特别是综艺节目的主持人，观众老觉得他还欠一点有点不舒服，实际上就是主持人没有完全放开。而演完《喜剧学院》之后，很多主持中不好意思表现的事儿都不是事儿了。

不认真，无喜剧

对于《喜剧学院》，媒体曾有这样的评价：它是第一个在山东有线电视中心演播室里让摄像笑得从椅子上掉下来的节目；它是山东有线电视中心综艺频道第一个让演员在走台过程中多达十多次笑场，导致排练无法顺利进行的节目；它是第一个让演播室从场工师傅到制片人、从六岁小孩到七八十的老人都笑到爆棚的节目……

《喜剧学院》不容置疑的好效果源自哪里呢？李鑫说，这源自于创作表演团队的那股认真劲儿。《喜剧学院》为那么多观众带去了最简单但却最开怀的欢笑，“但观众们看到的永远是我们在舞台上嘻哈耍宝的爆笑表演，只有我们自己知道，为了这些笑料，为了这些效果，我们付出了那么多的努力。”李鑫说。

班底成员之一的殷光栋，在 2008 年 12 月 8 日博文《喜剧学院幕后》中提到：喜剧学院节目组所有人员都很辛苦，有观众在场的录播必须一条就过，为此大家都付出了很多的时间和精力。像第一集武老师手中那个黄色道具，打一下真的很疼，大家看到了俊贤第一次出场被打的那下，耳朵都被打红了。我和鑫哥被揍得最多，真疼啊。我们在“快乐实习生”中穿的那些破烂衣服是量身定做的新衣服，但为了节目都弄成了那样。武老师喊得声嘶力竭，真的喊缺氧了……虽然那些可爱女生都是配角，但

是她们也很认真也很辛苦，一次次陪我们在那里演，更别说摄像、灯光、导演、后期制作等等了……当时剧组的辛苦状态，由此可见一斑。

回忆起《喜剧学院》的录制，李鑫说，它让所有的剧组成员扒了一层皮：《喜剧学院》一期七十分钟的节目，我们录五个小时左右。剧组成员们累到什么程度呢？《喜剧学院》转场，二十分钟搬道具的时间，我们就躺在地上睡着了。很多时候，为了拍好这个栏目，整个剧组员工达到了忘我的程度，有时候节目录制完已经是凌晨，而整个剧组这才想起来晚饭还没有吃。我曾因为怕出一点差错，每天晚上背台词到凌晨三点才睡觉，后来练得嗓子都说不出话来了。有几次剧组成员不小心被道具划伤手指、砸伤脚，也只是简单处理后继续演戏。

李鑫就曾不慎受伤。2009 年 3 月 28 日下午，《喜剧学院》第十六期录制现场，开场不到十分钟，突发意外。李鑫穿一身相扑的衣服，衣服经过特别的设计，裤腿很短。李鑫跳起来的时候，只听“啪”的一声，李鑫不慎摔倒，崴了右脚，一脸痛苦表情。经过一小时的治疗，李鑫一瘸一拐地走回舞台，口里连连说自己只受了小伤。节目录制没有中断，回到舞台上的李鑫，和往常一样笑着、闹着，没有人察觉到他笑背后的疼痛。

对于《喜剧学院》，有赞美声，也避免不了批评声。有批评者就认为，《喜剧学院》太闹了，太不正经了，观众从无厘头的搞笑中获取的养分有限。对此，李鑫说，《喜剧学院》是一场演出，是一场有脚本、有内容设置的无厘头的演出，只想带给你快乐。不要问为什么这样，只要你在看到它时你是笑的就好了。不是因为我现在在做这个节目说这种话，是一直以来就想做这样一个节目，一个只有简单快乐的节目，这是在很大范围内很多人不具备的轻松，而不是简单的闹剧。或许没有达到你的要求，或许你有这样那样的不满，但请给它一个成长的空间，也请你换一种心态，试着笑着看看它，或许，它会很美。

由于内部调整原因，《喜剧学院》于 2010 年 8 月停播。停播后粉丝并未消失，无论是在百度贴吧还是在网上论坛中，《喜剧学院》至今为不少粉丝所津津乐道，同时粉丝们也翘首以待，希望它再次开播。

今年5月份，《喜剧学院》的姊妹篇《喜剧公司》开拍。在剧中，喜剧公司于2014年1月1日成立，该公司是一家大型商业集团下属的小公司，业务范围很广很杂。《喜剧学院》的老师和学生们摇身一变，成为《喜剧公司》的职员，他们作风前卫，想法大胆，追求爱情，珍视友谊，为观众演绎他们在生活和工作中一个个有趣的故事。剧中，李鑫扮演公司总经理手下的二号领导“小组长”。由于《喜剧公司》和《喜剧学院》是一脉相承的，在《喜剧公司》中，李鑫还会延续大猩猩造型，继续为观众带来无限欢笑。

将《喜剧学院》中的经典语录收集如下：

1. 开食堂最重要的是什么？节约！中午吃剩下的，晚上再炒炒。晚上吃剩下的，第二天当成包子馅包在里面。

2. 武文：像什么样子啊，你看看，你看看，我买了四两米饭，就有四只虫子。

李鑫：吼什么吼，四只虫子，不是说好的吗，集齐七条虫子才换个豆包呢。

嘴好大！

在埃菲尔铁塔前显得那么高大！

3. 武文：真人不露相。李鑫：武文没有枪。

武文：恨铁不成钢。李鑫：老师得痔疮。

武文：按下葫芦起来瓢。李鑫：武文过河就拆桥。

武文：解铃还需系铃人。李鑫：武文今天不是人。

武文：秀才遇到兵，有理说不清。李鑫：武文大猩猩，成天犯神经！

4. 人生自古谁无死，哪里的黄土不埋人，脑袋掉了碗大个疤，二十年后又是一条好汉！

5. 书到用时方恨少，钱到月底不够花。

6. 如果把你的脑子拿去卖，肯定能卖个好价钱，因为你的脑袋是崭新的，从来就没有用过！

7. 先说王亚飞，到哪都吃亏。再说张敏健，只会发火箭。再说殷光栋，属他最没用。最后说李鑫，谁见了都想亲。

8. 老师：挂羊头卖狗肉啥意思？

张敏键：不对，应该到消费者协会告他们。

老师：张敏键，我觉得应该把你的头挂上去。

李鑫：这个问题基本上就跟他们三个一样，是个笨蛋问题。

老师：为什么？

李鑫：很傻嘛，这就是个经济学的问题。

老师：经济学的问题？

李鑫：对啊，你想，现在这个狗肉多贵啊！你挂着羊头卖狗肉，很傻嘛，你得反过来，挂狗头卖羊肉。

9. 对面女生一回头，宿舍男生齐跳楼。对面女生二回头，哈雷彗星撞地球。对面女生三回头，不爱女生爱猿猴。对面女生四回头，人类发展到尽头，到尽头。

10. 我对你一见钟情，绝无二心，想照顾你三生三世，因为我已经偷偷看你的网站四次，你那精致的五官，让我六神无主，我的心七上八下，久久（九九）不能平息，如果我对你的满分是十分的话，那一定不止十一分，可能会是十二分，只可惜我不喜欢十三这个数字，不然你一定是十四分，可能你嫌十五分还不够，那就给你十六分，或者是十七分，而我今年才十八岁……你不能约我三十四次，因为我妈妈才三十五岁，但是我想送你三十六朵玫瑰。

漫步巴黎街头

10 《快乐向前冲》：一个最遭罪的栏目

徜徉巴黎街头

2009年全运会在济南举办，为支持全运会，山东有线电视中心综艺频道推出了一项全新的水上闯关类节目《全运向前冲》。2010年《全运向前冲》升级为《快乐向前冲》。

《快乐向前冲》是全国第一家成功举办了周冠军挑战赛、季冠军争夺赛和年度总决赛的综艺节目，通过这些比赛产生了大批的平民英雄。这些平民英雄，也为节目赋予了鲜明的个性。

参赛者需要在一定的时间内成功闯过赛道的数道关卡，如疯狂跑道、半坡圆木、疯狂大转盘、水上平衡木、高空秋千等，中途落水、超时、违规闯关均视为闯关失败。

闯关成功者可获得价值

千元的奖品一份（如手机、彩电、数码相机等），季冠军、年度总冠军的奖品为价值十万至三十万元的轿车一辆。

地点分别设在济南世际园（现已停录）、大乳山滨海旅游度假区、济南章丘绣源河风景区。

在太阳下暴晒十小时的工作

2009 年，入职场三年，李鑫俨然成为山东有线电视中心综艺频道的台柱子，年轻的他同时担当《综艺满天星》《非常娱乐》《超级运动会》的主持人，同时在《喜剧学院》中饰演重要角色——捣蛋的“大猩猩”李鑫。

这年夏天，正值第十一届全运会在济南召开，这一届全运会适逢新中国成立六十周年、全运会创办五十周年之际，十分具有纪念意义。为了纪念这一重要历史时刻，山东有线电视中心综艺频道推出了一档新的水上闯关节目——《全运向前冲》。

李鑫接到一份重任——主持这一新开设的栏目。乍一得知自己要主持《全运向前冲》，这位年轻主持人心里挺高兴，这么一个重要栏目能交给自己主持，说明领导对咱重视呀，也说明自己有两把刷子。但真正录制起来后，困难却超出了李鑫的想象。如今回头想想，李鑫说，《全运向前冲》及 2010 年升级版《快乐向前冲》，是他主持的所有节目中最遭罪的一个。

2009 年夏天，《全运向前冲》来到临沂知春湖国际温泉度假村进行录制。正值酷夏，烈日炙烤地面，户外高温难耐，即便站在阴凉地儿一动不动，也能热出一身汗。李鑫想，天这么热，怎么着也会在阴凉下主持节目，忍忍总能过去。可让他没有想到的是，录制节目开始，没有搭设遮阳棚子，唯一能遮阳的是他戴的太阳帽。

这是个日播节目，需要选手参与，要求主持人站在烈日下和选手们进行交流，有时候为了节目效果主持人还得露一手，展示一下自己的“运动细胞”。

《快乐向前冲》每周五、六、日三天集中录制，这三天平均每天要录完二百分钟的节目。这二百分钟是指呈现在观众面前的播出时间，为了这二百分钟，李鑫每天要主持十多个小时。

节目往往从早上八点半开始录制，到晚上七点半才收工，中午只有一个小时的休息时间。因此，李鑫每天差不多要在阳光下暴晒十多个小时。回想这段“悲惨经历”，李鑫说，那时候真是晒到没有正形了，脸黑得真能对得起自己的绰号“大猩猩”。几天下来，虽然李鑫狠命往脸上抹防晒霜，还是被晒得黑不溜秋，而摄像更是晒得一层层往下脱皮。

由于节目是分开剪辑，李鑫要保证两天穿一样的衣服，不然在荧屏上就会呈现出主持人一会儿换一件衣服，会让观众感觉很乱。为此，李鑫特意买了两件相同的衣服，穿一件衣服录一上午的节目，中午将湿透的衣服洗了，换上另一件衣服录制下午的节目，而上午穿的衣服则用于第二天录制节

“我两边是‘美女与野兽’”

目。

说起烈日炙烤的痛苦，李鑫一言难尽。如今，看到在热气蒸腾的路面上执勤的交警，李鑫会感同身受。他说：交警们大夏天的，一站好几个小时，那真是份很辛苦的工作。观众在家看节目时是吹着空调吃着西瓜，路人看到交警时是打着太阳伞或坐在车里吹着空调，因此骄阳下的那份辛苦是观众和路人感受不到的。

时至今日，李鑫陪这档水上闯关节目已经走过了五年，五年的经历，对李鑫是一种精神和体力上的历练。“这个节目锻炼了我的意志，让我知道了主持人不但是个脑力活儿还是个体力活儿。同时，我对做主持尤其是户外主持有了更多的心理准备，主持人不光是在演播室里聚光灯照着，大伙儿关注着，也是需要毅力的。”

现场遭无数“强吻”“强抱”

工作虽然又累又苦，可收获同样沉甸甸。《全运向前冲》及其升级版《快乐向前冲》，让李鑫在《喜剧学院》的基础上，人气又往上拔高了。

2010年，如火如荼的全运会告一段落，《全运向前冲》也更名为《快乐向前冲》。在这一年，《快乐向前冲》迎来了不少竞争者，类似的水上闯关类节目如雨后春笋，遍地开花，如浙江卫视的《冲关我最棒》、安徽卫视的《男生女生向前冲》等。而就山东省内来说，包括各地市电视台在内大约就有近十档类似节目。这么多同类节目争夺观众眼球，想成为赢家并没有那么简单。而《快乐向前冲》却能独树一帜，赢得观众的喜爱。

据统计，自2010年5月初开播以来，《快乐向前冲》在济南地区的平均收视率高达4.48%，市场占有率达到10.86%。节目的火爆程度从节目录制现场更能看出来，《快乐向前冲》每次录制现场报名的场面相当壮观，有时一天报名人数达到两千多人，很多人为了领取一张报名表，要排队等好几个小时。在不少节目录制现场，李鑫及其他主持人更是不时被热情的观众包围，录完节目后不得不被保安“绑架”出活动现场，“逃离”人海。

李鑫的人气也突飞猛进，不少选手和观众到比赛现场，就是为了能亲眼见一见偶像李鑫，跟他合一张影，要一份签名。李鑫也不得不接受不少观众的“强吻”“强抱”。不少观众一跑上来，还没等这位主持人反应过来，就先给他来了一个香吻、一个熊抱。更有热情的女孩一上台就表示要做李鑫的女朋友，或者摆出一副非君不嫁的架势，让李鑫“目瞪口呆”，不知如何是好。

主持人的人气从百度贴吧和微博留言中也可看出。《全运向前冲》播出后，李鑫和他主持的这档节目，成为百度贴吧中炙手可热的帖子，粉丝们议论着每期节目的看点，也讨论着主持人的辛苦。在李鑫的“朕是李鑫”微博中，不少网友关切地提醒他“快要晒成非洲人”了，要注意防暑。

在微博中，有网友对李鑫道:“我外公十分稀罕你，关心你，每晚守着电视机一期不落地看《全运向前冲》，看着你主持节目，竟然心疼地说，这孩子天天站太阳底下得有多热啊……甚至梦到你中暑，然后第二天打开电视看有没有你中暑的新闻。”

节目这么受观众喜爱，李鑫及节目制作团队心里美滋滋的。他们也知道，这成就与勤奋、认真分不开。主持人李鑫、张敏健、崔璀、杨蕊的嗓子哑了依然战斗，摄像每天肩扛二十多斤重的摄像机坚持拍摄十小时，直到累得直不起腰。工作人员一个比一个黑，黝黑的肤色成了一道“亮丽”

的风景线，“我们都是非洲人”成为《快乐向前冲》的工作人员经常互相打趣的一句话。

“我的‘金子’”

《快乐向前冲》后期制作工作也不轻松，后期制作共有八位工作人员，80% 都是年轻漂亮的女孩子，正值爱玩的年龄，可为了赶制每天播出的新节目，她们几乎天天都要在机房里加班熬夜。没有周末，没有节假日，甚至连去食堂吃顿饭都要着急往回赶。正是全体工作人员的这股子拼搏劲儿，才让这个地方电视台的水上闯关节目从众多类似节目中脱颖而出，保持较高的收视率和观众的青睐。

为白血病患儿三次落水

通过《快乐向前冲》，李鑫收获了人气，也收获着感动。

在报名者中，一位青岛大姐明知第一关就落水，但为了实现母亲遗愿，还是排队八小时等候上场；一位来自临沂的大叔因母亲病重赶回家里，确认母亲平安后又骑车四百里赶到现场参加比赛；威海的樱桃大叔参加比赛，给主持人带来了自家种的樱桃。节目播出后，前往他家采摘樱桃的观众络绎不绝，十几亩的樱桃很快就销售一空，为了感谢栏目组，《快乐向前冲》每次去威海录像，樱桃大叔都会载着满车的樱桃前去答谢栏目组……

这一个个勤劳、善良、朴实的人物，让节目更富有人情味，也激励着李鑫认真地完成每一期节目的录制。李鑫至今记得，一位来自东营的腼腆小伙，睡在堆满垃圾的四面透风亭子里一天一夜没吃饭，只为等待参赛。李鑫说：“现在我上台时，每一场都很珍惜，都告诉自己要认真对待。因为对我来说主持工作有些重复，但对登台的选手来说，这是一辈子的大事，一辈子可能只有这么一次机会站在舞台上，所以每一场我都要认真对待。”

随着栏目影响力的增大，栏目摄制组也不断地借助这个平台，汇聚社会爱心。2012 年，济宁汶上的五胞胎家庭来到节目现场，牵动了众多观众的心。这个拥有五胞胎的家庭来自农村，夫妻俩均务农，五个孩子给这个家庭带来欣喜的同时也带来经济上的压力。孩子出生以前，靠夫妻俩种地、打工，家里还能过上温饱生活。孩子出生后，夫妻俩及孩子的爷爷奶奶都来照看孩子，家里少了经济来源，生活十分困难。看到别的孩子有吃有喝，而自己的孩子则省吃俭用，夫妻俩在节目现场忍不住落泪。节目播出后，五胞胎家庭引起了社会的关注，不少爱心人士联系到他们，表示要给他们捐钱捐物，还有乳制品企业给五个孩子提供了足够的奶粉。

2009 年 9 月，《全运向前冲》播出了济宁邹城白血病男孩詹享臻妈妈为孩子闯关的节目，让无数人为之感动落泪，而李鑫也在现场泣不成声。这个男孩由于疾病缠身，忍受着常人难以忍受的痛苦，让李鑫十分心疼。李鑫清楚地记得那个画面：两岁的詹享臻要天天打针，为了免受天天扎针的痛苦，医生给他在胳膊上做了一个流汁输液管。这么小的孩子要受这么大的罪，李鑫的心一下子揪了起来。

为了帮助这个家庭，栏目组为詹享臻举办爱心活动，召集闯关好手做了一场义赛。义赛现场，李鑫深情地说：今天，是我们面前这个两岁孩子的生日，这么漂亮的孩子，我们都不知道明年他的生日的时候，还能不能见到他。义赛后，获胜选手将奖金捐给了这个家庭，此外，观众也自发为他们捐款捐物。

李鑫也为这个不幸的孩子表演闯关。别看李鑫打篮球不错，但跑步不是他的强项，上肢力气也不大。此外，李鑫还有恐高症，一到高的地方就头晕。但这些都阻挡不了李鑫为这位可怜的孩子而闯关。在闯关过程中，他从一个滚筒下面掉到水里，但他爬上岸继续闯关，就这样落水三次，最终闯关成功。

2014年年初，李鑫又见到了詹享臻，此时他已经做完骨髓配型手术，身体恢复得很好。詹享臻对李鑫说："李鑫叔叔，没有你我活不下来。"这句话让李鑫既感动又欣慰，觉得自己和栏目组再苦再累也值了。

他们的中国梦

报名参赛《快乐向前冲》者多是底层的百姓，有货车司机、收废品的、做保安的、小商小贩等。此前，李鑫接触的多是唱歌跳舞的，现在接触底层百姓，这对李鑫提出了更高的要求。

"来个种地的，得跟人家讨论庄稼；来个养殖的，得跟人家讨论鸡瘟猪瘟；来个当兵的，得跟人家交流军事。"李鑫说，主持这样一档节目，接触各种职业的选手，要在台上应对自如，自己的知识必须宽广，不然就只能干站在那里，交流不下去。这就逼着李鑫涉猎各行各业，学着与各类人交流。

节目还吸引了外国姑娘参加。李鑫记得有一年，台上来了四五个俄罗斯姑娘，李鑫只能连说带比画地与她们交流。交流中得知一个姑娘喜欢跳舞、摔跤。话音刚落，还没等李鑫反应过来，那位姑娘就一下子把李鑫摔在了地上。节目播出之后，观众看得开心，但李鑫被摔得很惨，屁股被摔肿了，斜着坐了半个月才消肿。

《快乐向前冲》吸引了不同职业的选手参赛，他们在这个舞台上为自己的梦想拼搏着，使观众为之钦佩、着迷，许多草根选手成为观众心目中的明星和英雄。

杨朝群，一位坚强、勇敢、机智的铮铮铁骨男儿，他为了自己的妻子，不顾一切地往前冲。他看见别的选手落水，只是替他们惋惜，从没有欢呼雀跃过，可是当知道他最后一轮以不到一秒之差输掉了比赛，他倚着老父亲的背哭了。

徐知会，一名货车司机，从小热爱运动，在胜利油田某销售公司工作。在别人看来这是一份很不错的工作，但是按他自己的说法就是：“我这人太不喜欢被约束，这份工作对于我来说真的不合适。”辞职后，徐知会回到家乡娶妻生子。2005 年收成不错，徐知会买了货车搞起了运输。可运动的梦想始终没有破灭，一个偶然的机会，徐知会报名参加《快乐向前冲》，并在腿受伤的情况下，咬紧牙关，获得季冠军。

耿明亮，虽然只有一条胳膊，可从不服输，觉得正常人能做到的，自己也能够做到。在高空单杠一关，凭借坚强的意志，耿明亮靠一只胳膊竟然爬上单杠，闯关成功；接下来，他又用一只手抓住高空滑索，通过了常人都很难通过的关卡，赢得无数感动的掌声与泪水。2014 年年初，耿明亮再次参加比赛，想挑战一下自己，也想给三岁的儿子做个榜样。几次闯关落水后脸部受伤出血，但还是继续闯关，最终完成心愿，感动全场。

为了在比赛中取得好成绩，许多选手在台下更是进行了魔鬼训练。为了在年度总决赛上“一狂到底”，选手韩玉成带领丁广和周海滨每天进行魔鬼式的训练，每天晚上做一百个俯卧撑、一百个仰卧起坐，每天早晨跑三千米，每天晚上五公里。

那时好年轻

2012年年度总决赛让李鑫印象深刻，录制持续近两个月，如果用一个字来形容这段时间的生活，“冷”字当之无愧。大风、低温，甚至雨雪交加成了家常便饭，突发事件时有发生。在录制某场小组赛的时候，因为天气异常寒冷，选手身体根本活动不开，整场比赛下来，选手们大都发挥失常，纷纷落水，甚至受伤。

寒冷的天气、恶劣的环境，加上激烈的比赛，对选手造成了巨大影响。好多人因比赛受伤，腿一瘸一拐的，但还是坚持参加比赛，使出十二分的力气拼搏。他们都在为了自己的冠军梦想而努力，每个选手那种为梦想而不服输的精神让人感动。

观众的一盘下饭菜

从2009年至今，这档水上闯关节目已经走过了五年，五年间不少观众对《快乐向前冲》已经从渐渐喜欢到离不开。对于许多观众来说，这档节目已经成为晚上必看节目，成为观众的一盘下饭菜。观众习惯于坐在饭桌前，打开电视机，边吃饭边乐呵呵地看选手们闯关。但是2014年年初，《快乐向前冲》的粉丝们一度十分紧张和焦虑，因为他们奉为必看节目的《快乐向前冲》传出要停播的消息。

先是在百度贴吧“快乐向前冲吧”中，有网友发出了《快乐向前冲》将要停播的消息，引来无数粉丝的感叹和追忆。

有网友回复道：

我看《快乐向前冲》比起其他贴友们来说短了点，只有三年时间，但《快乐向前冲》已经成为我生命的一部分。当我听说《快乐向前冲》将要停播之时，心里很不是滋味。每天18:50，我都准时调台，看各位选手们闯关。老韩、二哥、老徐等等等等，他们都为了爱而向前冲。他们永不服输、勇往直前的精神，值得我们学习。这就是《快乐向前冲》的精神所在。

一想到《快乐向前冲》停播，我都不知道那个时间段我该怎样度过，以后想看《快乐向前冲》了，就去齐鲁网看看曾经的比赛吧。还是顺其自然吧，可能只要找到别的节目，就可以填补那份空缺了。

只要有播，晚上全家人一边吃饭一边看，已经成为习惯了。

如果把整个山东综艺比作是一盘大菜的话，那么《快乐向前冲》就

“我与金子们”

是盐，大菜中不可缺少的盐。没有它，这盘菜就变得索然无味了。不管怎样，希望《快乐向前冲》能复播！

但传闻终归是传闻，没有得到证实，不少粉丝也就抱有希望，认为节目不会停播。而 2014 年 3 月 8 日，李鑫发了这样一条微博，让观众的心一下子紧张起来：你知道那个一天暴晒十几个小时的节目吗？你知道那个做了五年的水上闯关节目吗？对，就是《快乐向前冲》！接领导通知，要停播了！哎呀，多么的不舍，多么的遗憾，多么的……多么啊！

微博一出，就引来四百余条评论，网友们追忆着《快乐向前冲》令他们感动的瞬间，同时大呼栏目不要停播。

网友秋池忆的留言也许道出了不少观众的心声：

我们村的爷爷奶奶、叔叔婶婶，还有我的小学老师同学们，都忒喜欢《快乐向前冲》，吃饭时边看边吃，特别好玩，村里人还曾想包车去绣源河观看，就像某些人说的都看出感情了。平民的节目，我们身边真实的节目，带给我们无数的欢乐。

停播的消息传出，山东电视综艺频道《快乐向前冲》栏目组不断接到电话、私信，有气势汹汹质问为什么停播的，也有文质彬彬地恳请向领导反映要求节目复播的，还有撂狠话说不播《快乐向前冲》就不看综艺频道的……面对无数网友的呼声，山东电视综艺频道将节目去留权交给观众，在网上展开了节目要不要复播的投票，投票结果一边倒地指向复播。

2014 年的 4 月份，随着温度一天天升高，观众们对《快乐向前冲》复播的呼声也越来越高。网友们表示，《快乐向前冲》播了整整五年，停播十分舍不得，希望栏目组一定复播。“如果见不到韩玉成，见不到周瑞，见不到陈永贵……我们一定会伤心的，会想念你们的。真心希望在 2014 年能再次看到《快乐向前冲》，我们一家都特别喜欢它，都想让它复播，一定要复播！ 2014 等你回来”。

观众的力量是强大的，在观众的努力下，最终将这个要停播的节目救了回来，《快乐向前冲》最终得以复播。4 月 21 日，山东电视综艺频道官方微博发消息称：亲爱的“冲粉”（对《快乐向前冲》忠实观众的称呼）们，经过你们甩开膀子的摇旗呐喊，《快乐向前冲》在将要挥泪告别时被你们活生生地拉回来了！“五一”小长假，2014《快乐向前冲》华丽转身又杀回来了！“五一”小长假，2014《快乐向前冲》启动仪式在章丘绣源河启动，引得无数“冲粉”到现场观看。看到节目复播，“冲粉”们心里的这块石头总算落地了。

11 我叫“不紧张”

有个见习记者曾经问李鑫：“哥，你现在上台主持节目紧张吗？”

李鑫说：“我不紧张。”

见习记者问：“你从什么时候开始不紧张的呢？”

李鑫回忆道：“我从2005年底开始做节目，大概用了三年多的时间，到了2009年，才真正开始在台上不紧张。”

这三年的时间中，如果一个主持人在台上一直很顺利的话，那就可能不紧张。但是李鑫的经历却恰恰相反，不是一帆风顺，而是经历了无数的考验，遇到了无数尴尬紧张的情况，也许正是经历坎坷多了之后，才变得从容淡定。

有一次直播的时候，李鑫站在镜头前，就等着片头放完、字幕出来他照着念了。可没想到，片头都快放完了，下面的编导悄悄跟李鑫说：“哥，稿子没写完呢，片子也没有。”

那可是一档直播节目啊，还是个新闻资讯类节目，需要主持人说一段然后放个片子，再说一段再放个片子。可现在节目快开始了，没稿子，没片子，这让主持人怎么弄啊。转眼间直播画面切到李鑫那儿了，逼到这份上了，没办法，只能硬着头皮说。

李鑫平时常用手机上网，喜欢看一看新闻，这救了他的场。他灵机一动，把当天几个有意思的新闻摘出来，做个即兴的新闻评述，把当年学播新闻的底子用上了。别看镜头前他表现得轻松自如，心里其实在流汗呢。镜头后的编导们也捏着一把汗，这可是没有任何准备的直播啊，万一说错话呢，万一接不下话呢，那样栏目不得开天窗啊。

一直等李鑫说了十分钟，稿子、片子终于来了，李鑫大松一口气。

还有一次，大概在 2008 年左右，《综艺满天星》做直播。这个节目从周一到周五天天直播，时间为晚上八点到九点二十分。有一次，李鑫做直播，在这八十分钟时间内有十个选手要展示才艺。算一下吧，80 分钟的节目，去掉广告留给直播的时间只有六七十分钟，也就是说一个选手平均应该在镜头前表现六七分钟左右。

结果李鑫办了一件让自己和导演捏把汗的事情。直播开始了，第一个选手上台了，李鑫让第一个选手在台上足足展示了四十五分钟。这个选手的表现是足了，可还剩下九个选手呢。不得已，剩下的九个人上来唱完了就走，九个选手在二十几分钟之内全都打发了。

直播结束后，一堆人对他有意见，说你是不是跟第一个人有亲戚啊。实际上第一个选手很有才艺，所以李鑫就反复地采访他，现场效果也很好，导演也没觉得怎么着，不知不觉四十五分钟就过去了。结果其他人一肚子怨言。

还有一次，是忘词儿的经历。有一年，济南奥体中心东荷体育馆举行大型的活动，省里的领导和台里的领导都出席了，李鑫担任主持。一个配乐的诗朗诵节目演完之后，李鑫上台来串联。不知咋回事，他瞬间大脑就空白了。据别人回忆，他空白的时间大约有 30 秒钟左右，但是台上的李鑫觉得时间唰地就过去了，因为他一直在想：“哎，这是哪儿呢？我为什么在这儿呀？我来干吗来着？”

然后李鑫忽然听见观众吆喝起哄：“哟，忘词喽！忘词喽！”那可是在好几千人的体育馆里面，一位观众这样吆喝，整个体育馆里都是“忘词喽”的回音。大家开始鼓倒掌了，声音很大。听见观众们的起哄，李鑫忽然转过神来了，说：“你们这一鼓倒掌，我想起词儿来了。”然后把串联的词说完了。

初中时李鑫第一次上台报幕时，也有大脑空白忘词儿的经历，但与那次不同的是，这次李鑫一直没脸红，还给自己救了场，他笑称几年的主持经历已经让他的脸皮厚多了。

台里的领导对李鑫这次表现的评价是，这个家伙，忘了词都能抖包袱。大伙儿觉得他虽然忘词了，但是没有很尴尬，尤其是接了那句话之后，很自然。

经历了无数这样的事情后，现在李鑫再主持节目，就很少会出现紧张情绪了。因为综艺节目最大的特点就是没稿子，尤其是李鑫主持的节目从来没有稿子。别的主持人都是没稿子上台紧张，而他却相反，反而是有稿子上台才紧张呢。“你不能自己随便说了，得按照稿子说啊”。

起初，导演也给他写稿子，可录播效果特别不好。后来，导演就只给他一个大纲，上面只有提示性的关键词，其余的由他自己来串。现在，新主持人都有稿子，严格按照稿子来主持，可李鑫的稿子永远都是一张大纲，只有几个提示性的关键词。

这是经过长年的积累而形成的经验。从 2005 年李鑫开始做《综艺满天星》，到今年已做了近十年。《快乐向前冲》从 2009 年开始到今年是六年。长年累月地做选秀和选手参与的电视节目，李鑫阅人无数，练就了一种本领。只要跟选手聊两句，就自然而然地判断出他属于哪一类人，这类人应该怎么去提问，如何将选手经历与节目需要结合起来。对于电视节目来说，好的东西不嫌长，坏的东西不嫌短，也就是把观众想看到的东西、想听到的东西，无限地放大。什么是无限放大呢？比如说，一个选手身上有很多特点，哪个特点是观众想看的，就把这些点放大。做了近十年的节目，李鑫觉得对电视的感觉有了，对节目的感觉有了，这个感觉不是从教科书上学来的，而是通过一期期节目地做，一个个选手地接触，慢慢地积累下来的。

摄像、导演对李鑫的评价是：做节目感觉很轻松、自然，台上不紧张。这是源于李鑫精心准备、努力实践的结果。很认真地准备，很努力地实践，做起来就轻松了。如果不当回事的话，肯定没有好效果。

有时候台里的领导会让其他主持人到现场去看李鑫做采访，看他怎么从一个问题过渡到另一个问题，怎么由浅入深、由表及里地提出问题。主持人台上提出的问题，有一些是导演设计好的，因为导演事先对选手进行了了解，知道问某个问题，选手有可能答出什么来。但是李鑫主持的好多节目，实际上是没有设计问题的，特别是《我是大明星》这样的节目，时间极其紧张，导演无法了解情况，不知道选手有什么故事。于是，李鑫凭借原来做新闻的底子：在一件事情上怎么引申，怎么把选手想说但又不好意思说，而观众特别感兴趣的事，一步步地问出来，这是李鑫学新闻积累的经验。

有时候即便是导演写的“规定动作”，李鑫的提问也往往略胜一筹。比如说，导演列出了五个问题，但选手不知道其中的顺序，可能不会按照这个套路来，有可能主持人问一的时候，他从一一下子蹦到了五，又从五蹦到了三，思路是来回跳着的。这个时候，有的主持人就说，你先别聊五，咱先聊二。如此这般，就会显得十分生硬。而李鑫在主持时，若选手从一说到五的时候，李鑫就接着问到五，顺着选手的思路，跟聊天一样，聊到哪算哪，效果十分自然。

12 累死人的工作节奏

李鑫于2009年2月5日晚八点零四分发了一篇博客：

昨天下午的工作结束了，晚上九点开始排练明天的《喜剧学院》，一直到第二天凌晨四点才回到家里。本来定好的今天上午的节目拍摄只好推到了下午。

今天一觉睡到了十一点，下午接着拍摄，现在脑袋还有点疼呢！晚上九点还有排练。

明天……录制《喜剧学院》，估计得到下午七点。晚上八点坐动车去青岛。

后天，大后天……在五四广场录《超级运动会》。

以下是李鑫2005年至今主持过的部分节目的节目单：

2005年，主持山东电视公共新闻频道《政务空间》栏目。

2006～2010年，主持山东电视综艺频道《综艺满天星》。

2008～2010年，参与山东电视综艺频道《喜剧学院》的录制。

2008～2009年，主持山东电视综艺频道《非常娱乐》。

2009～2012年，主持山东电视综艺频道《超级运动会》。

2009～2013年，主持山东电视综艺频道《快乐向前冲》（原名：《全运向前冲》）。

2010～2014年，主持山东电视综艺频道《我是大明星》。

2011～2012年，主持山东电视影视频道《影视那点事儿》。

2012～2013年，主持山东电视综艺频道《快乐大PK》。

在片场累了，就这样睡一会儿

2013 年，主持山东电视影视频道《直播影视》及《精彩妈妈》，并组织策划了春节特别节目《过年天天乐》，开创山东有线电视中心春节特别节目新局面。

2013 年，主持山东电视综艺频道《春晚总动员》。

2013 ～ 2014 年，主持山东电视综艺频道《挑战美人关》。

2013 ～ 2014 年，主持山东电视综艺频道《相亲相爱》。

2014 年，担任山东电视综艺频道《超级大明星》节目队长，与搭档敏健每周六晚上演精彩对决。

此外，李鑫还曾主持过山东电视影视频道《八卦娱乐圈》《影视大派送》《明星面对面》，山东电视生活频道《乐拍购物》，山东电视综艺频道《山东好声音》《唱响山东》等多档节目。

通过上述微博和节目单，我们可以看出李鑫有多么忙碌。

不少观众发现，有很长一段时间，从晚上六点开始到九点半左右，只要一打开山东综艺频道，基本上都能看到李鑫在主持节目。

的确，李鑫曾一度是整个山东电视台工作量最大的主持人。

在最繁忙的时候，李鑫除了要为三个小时的日播进行录制，还要录制周末两个七十分钟的周播。这是个什么概念呢？像《拉呱》《生活帮》等节目，虽然每天都播出，但播出时间一天只有一个半小时，一周播出六百三十分钟，而且在六百三十分钟中，主持人并不是一直在场，播放新闻画面时，主持人不出镜，此时主持人是处于放松状态的。而李鑫一周要录制一千分钟的节目，这一千分钟内，李鑫要时刻保持状态。

一般来说，新闻节目播出和素材比是一比一，而综艺娱乐节目的播出和素材比是一比三，也就是我们看一个小时的节目，主持人需要录制三个小时。因为娱乐节目录制的素材，有的能用有的不能用。比如《快乐向前冲》中，有的选手的表现没有达到播出标准，虽然前期录制了，后期会被砍掉。被砍掉的素材虽然不会展示在观众面前，但却是李鑫实实在在付出了努力录制的。

而《喜剧学院》播出和素材比更大，每期七十分钟的节目，得录制五个小时左右，达到一比四点二。录制《喜剧学院》可谓“痛并快乐着”。栏目组经常被选手的演技所折服，被选手搞笑表演逗笑，可录制过程十分辛苦。第一天录到晚上十二点，第二天早上八点起来接着录，这是家常便饭。录制《喜剧学院》还不能休息，必须全身心调动起来，坚持到底，不然很难有效果。

繁重的工作使栏目组成员的身体有些吃不消了。李鑫的嗓子好像从来没有清亮的时候，带病工作是常有的事。2009 年“五一”期间，李鑫因胃疼引发肠胃性感冒，仍随栏目组到潍坊完成了三天的《超级运动会》录制工作及《喜剧学院》巡演。回到济南后他未曾休息，又连续一周主持《综艺满天星》直播。2012 年春天，李鑫在录制《我是大明星》过程中，因配合选手表演而骨裂受伤，却仍坚持录制节目，未因此耽误一天工作。

繁忙的工作，使得李鑫一年难得回家几次。李鑫的老家在泰安，泰安离济南很近，开车只需一个半小时，但由于太忙李鑫很少回家。起初确定在济南工作时，李鑫的父母还为儿子离家近而十分欣喜，但没想到，儿子并没有太多时间回家。想儿子了，父母就打开电视机，通过电视看一看儿子的变化。再不行就来济南看望儿子。

每天像陀螺一样转个不停，才过而立之年，李鑫就渐渐感觉体力大不如前了。二十来岁的时候一天录十来个小时，还能顶得下来，现在录四五小时，就有些难受。李鑫曾经跟阿苏说，以前站八个小时没事儿，现在站四个小时就顶不住。

李鑫极有职业道德，责任感很强，心里想的就是如何录好节目，这股认真劲儿让不少导演和制片人对李鑫十分青睐。因为电视台有许多导演、制片人，他们有选择主持人的权力，于是，李鑫就成为导演、制片人的第一选择。

工作强度大，李鑫有时候也难免懈怠，难免想偷懒，不想录节目。但他对此保持警惕，时刻提醒自己，要珍惜每次做节目的机会。他也不止一次跟年轻同事说过这样的话，勉励别人也是自勉：“咱们不求非得领导、观众夸。咱们要做到什么效果呢，就是等到咱们老了的时候，拿出这些节目来看，不骂自己就行。”

李鑫与导演、制片人的关系十分融洽。常常看到，上台之前，李鑫无可奈何地拉着导演、制片人的手说：“我不想录了。”导演、制片人就哄李鑫：“要不我给你叫杯咖啡。”“给你加十块钱的。”

李鑫特别不愿意看到大家对他期望值很高时，因他的表现不佳而感到失望。不管台底下怎样累，只要一上场他总是以最饱满的精神投入工作。但每次硬撑着完成任务，别人就觉得他不累，于是，导演和制片人便频繁找李鑫接节目。就这样，反反复复，周而复始，李鑫成了综艺频道工作强度最大的主持人。

奔波在紧张忙碌的录制现场，李鑫也学会了见缝插针地休息。录制间隙，他在后台、休息室睡，节目转场时他在路上睡，这已成为家常便饭。李鑫坚持着，他知道，梦想是一步一步努力拼搏而来的。

“不累是假的，但我一直觉得做一个优秀的主持人是我的理想和梦想，我在朝这个梦想努力，就感觉很愉快。有一句话叫痛并快乐着，我想我是累并快乐着。”李鑫说，他的梦想是当一名深受观众喜爱的优秀主持人，他想做出优秀的作品。为了梦想，再苦再累也值得。在通往梦想的途中，除了累，他收获了鲜花和掌声，收获了认可和欣赏，收获了感动和祝福。

“我觉得年轻时对每个节目都要认真去做，要对得起自己的这份职业。说这句话有点唱高调的感觉，但是我就是这样想的。”虽然主持工作对李鑫来说已经是“多如牛毛”，但他对每一场主持工作都很珍惜，都努力做到最好。他珍惜在台上的工作，珍惜说的每一句话。因为若不努力，即使现在成就再大，主持机会也会溜走，若到了想做节目而没法做节目时，那种心情会很难受。

主持工作就是这么一个拼体力、拼智慧的活儿。李鑫说，这么多年来他取得的一个个成绩都是自己干出来的，没有天上掉馅饼的事情。唱一首歌而红，演一部电视剧而红，在电视台主持人这儿都不存在。同事和观众的认可，是靠日积月累慢慢得到的。

别看节目中李鑫没正形，但他内心是严谨认真的；别看李鑫主持时表现形式随意，可内心是严肃认真的。李鑫的认真勤劳也获得了同事和领导的认可。有同事评价他：李鑫长了一个吊儿郎当的外表，但却是很有正事很严谨的人。台里的领导对李鑫的评价是：严谨，“滴水不露”，一直是训练有素、纪律严明。

什么叫训练有素、纪律严明？李鑫拿做节目与他的“骨灰级”爱好打篮球做了个类比。做节目就像打篮球，你的篮球打得好不好，教练看是一回事，观众看又是一回事。比如教练

亲手为“孩子”做饭

定好了这场该怎么打，采取什么战术，最后你赢了，观众赞不绝口，但你不是按照教练的套路打的，教练一定不满意。导演也是这样，主持人不按既定套路来，导演一定不满意。外行看热闹，不懂这种东西。而李鑫一直是训练有素、纪律严明，是这些年来贯彻导演思路最好的一个主持人，而且一般都输不了。也就是说，李鑫会保证战术正常执行的情况下，把自己的得分得到最高。

也正是这种严谨，李鑫入职九年多来，从第二年开始，台里的大晚会、大节目中，观众总能看到这位阳光男孩的身影。平时的节目他可能不会总参与，但最后到总决赛的时候，一定少不了他。每逢大型晚会，李鑫的很多同事都到海外分会场做节目，出过国，让他很是羡慕。台里的领导曾经问过李鑫一句话："你是想出去当配角还是在这里当主角？"李鑫回答说："我愿意当配角。"领导赶忙告诉他，跟你开玩笑呢，你不许去，必须当主角。

领导充分信任的“后果”，就是李鑫总没有出国主持节目的机会，也没有节假日。而李鑫并没有怨言，而是更加努力地工作，来回报同事和观众的信任。他觉得趁年轻多干点，付也总会有回报。

李鑫的付出确实得到了回报，靠着不懈努力，李鑫在向着梦想一步步接近。2010 年，李鑫获山东有线电视中心综艺频道首席主持人；2013 年，他又荣获牡丹奖十佳主持人评选“我最喜爱的主持人”——最具网络人气主持人奖。

2014 年，李鑫荣获全国主持新星奖。5 月 24 日他赴北京领奖，25 日就匆匆赶回济南录节目。26 日又奔赴沂水录制《喜剧公司》。在沂水的四天里，李鑫每天工作到凌晨三点，第二天早上八点继续录制节目，每天只能休息四五个小时。四天后他又要回济，还有《快乐向前冲》《我是大明星》复赛、《超级大明星》等节目等着他去主持。

主持节目无数，获得荣誉无数。但他不敢懈怠。他知道，一首好诗几千年都记得住，一部好电影百年以后仍是经典，一首好歌几十年之后仍然

为陈州举行婚礼

动听，但一期好的电视节目，记忆的长度撑死了有一个月，一个月之后，观众基本上就不记得了。这更促使着李鑫将节目做好。“我们做的是速食品，虽然我特别想做经典作品，但是做出观众印象深刻的作品并不容易，我在努力”。

也许，每天工作结束走出大楼的时候，是这位累并快乐着的主持人最舒服的时候。跟演播室比起来，外面的空气很清凉，深呼吸一口，一下子就有清醒的感觉，一天的疲劳顿时消去。

第四章
像金子那样闪亮

13 霸气的新浪微博：朕是李鑫

一袭黑色的燕尾服，恰到好处的领结，手拿麦克风，嘴角微微上扬，“高大上”之气扑面而来，这是李鑫新浪微博中的头像。头像高端、大气、上档次吧！再往下看，名字和简介更加高端、大气、上档次。

李鑫的新浪微博名字，叫作“朕是李鑫”。这个名字是怎么来的呢？“李鑫”这个名字，无论是姓还是名，都极为常见，因此重名的挺多，用这个名字注册微博的人就不少。这不，湖南卫视《变形计》之《阳光的背后》城市主人公就叫李鑫，还有记者也叫李鑫。为了避免大家搞不清主持人李鑫，于是乎他给自己名字前面加上了两个字。

为何加上“朕”呢？他说，本来是想写“真是李鑫”，手一哆嗦，把“真”写成了“朕”。这话能相信吗？肯定不能信啊。你看，简介中写的是“一个皇帝”“著名皇帝”呢，这不与“朕”遥相呼应么。再三追问下，李鑫终于红着脸说出了自己微博名字的初衷。

很多人都推崇拿破仑说的，不想当将军的士兵不是好士兵。这就是说，啥事也得干到最好，精益求精。李鑫就是这样想的，什么事情到了他手里都会做到最好，不能只满足于当个小兵，而是能像皇帝一样，带领众人，这样才说明自己做到位了。考虑再三，李鑫给自己起了这个“朕是李鑫”的微博名字。

微博里，李鑫确实有一呼而百应的范儿。每发一条微博，哪怕是简短的几句介绍，呼应者动辄就有几百人。大家关心着这位“皇帝”的一举一动。

皇帝的身体是臣子们都关心的事情。这不，李鑫一条“吃个海鲜把牙硌掉半拉，半夜闹肚子到四点”的微博一出，几百人留言叮嘱他一定

最喜欢和孩子们在一起

要注意身体，让这位“皇帝”激动万分。

皇帝的生日，无疑是举国上下欢庆的盛典。2014 年 4 月 17 日，李鑫生日当天，他发微博称：“虽然三十挂一了，但，精神还是要‘二’下去！祝我生日快乐！”“朕”的号召力真不小，短时间内，这条微博就引来近千人评价，千余人点赞。

即便是一条行程安排的简短微博，也会引起不少网友对他的再三叮嘱：要注意安全、希望有空能一睹圣颜……

通过微博，李鑫向我们展示了“霸气”的一面，也让观众们能触摸到一个真实的李鑫。也许，“朕是李鑫”的谐音和内涵应该为“真实李鑫”。

这个“真实李鑫”是啥样的呢？

他每天都有忙不完的工作，无论是酷暑还是严寒，无论是身体健康还是身患疾病。“车里温度 27 度！不开空调两分钟汗流浃背！开窗不管用，开空调还感冒！下午还要录像！吃了这个感冒药，要是不管用，我就睡台上！呼呼地睡！这一天啊……”看看发微博的地点吧，是在经十路上，看来是等红灯的空儿发的这条微博。

他是不怎么爱热闹的，不喜欢往人堆里挤。看到登山人多，他写道：

“登泰山的朋友，你们考虑过这个庙的感受吗？你在哪个城市？你那是不是也人山人海啊？还是在家比较惬意。”

他是感情细腻的。看到央视《出彩中国人》中残疾“小龙女”们的表演，他感慨道：“不懂舞蹈，却两次为舞者落泪。一次是陈思，一次是今晚的小龙女们。残缺成就了完美。”在微山湖上的一所船上小学，看到学校的简陋、孩子们学习的认真，他说：“这是全国唯一的一所船上的小学，竟然已有四十年的历史。三个年级，三十六名学生，三位老师，依着茫茫的微山湖默默地生活学习着。如果你觉得生活亏欠了你，还想要很多，看看他们，你会很满足。”

他又是有些孩子般顽皮劲儿的。家里新到两个玩偶，他发微博称：“家里来了新朋友，准备给他们起个名字。各位，请投票：A.Tom&Jerry B.王朝&马汉 C.刘能&赵四 D.李敏镐&金秀贤。欢迎补充。”

微博中他有时会诗性大发，来首打油诗，道一道工作的乐和苦：“架起摄像机，打开镁光灯。走进摄影棚，开心迎观众。来的都是友，全凭嘴一张。相逢开口笑，过后不思量。人一走，笑容僵，有什么风光不风光。”

当然，微博中也透露出了他的“骨灰级”爱好——

主持了五届《我是大明星》决赛

打篮球。不信看他这些微博吧："打球戳了无名指，游泳喝了无数口咸到不行的海水，回来全身虚脱……可是，心情愉悦！""怎么这么想做爸爸啊，把我的儿子当哥们儿，一起喝酒打游戏打篮球。"除了文字，在微博上还能找到无数张李鑫打篮球的照片。

台上主持人给观众的印象，往往是单面的，并不等同于主持人本身的性格。通过微博，很多人认识了更加立体的李鑫。李鑫也将微博作为展示真实自己、同观众交流的一个平台。他努力地经营着这个平台，一有空，就会发微博，向粉丝们汇报最新动态，并到微博上看一看观众们对自己微博的回复反馈。

14 阳光男孩柔情面：爱哭，喜欢孩子

不了解李鑫的观众，看到台上动不动咧嘴大笑的他，会认为他始终阳光快乐，好像什么事情也不会让他忧愁。其实，了解他的朋友们知道，别看他成天乐呵呵的，其实他感情还挺“脆弱”，有着柔情一面，很容易动情，很善良。

爱哭、喜欢孩子，是朋友们对李鑫的一致评价。如果你随便拦住山东有线电视中心综艺频道的一个工作人员，问一问李鑫的特点，你都会得到如此答案：“爱哭，是台里无论男的还是女的中最爱哭的一个；喜欢孩子，特别是小女孩。”

他爱哭到什么程度呢？看看《快乐向前冲》《我是大明星》吧，他流泪的镜头许许多多。

烟台的盲人选手栾文海在台上的一句话，让李鑫足足哭了十分钟。光流泪还不算，还背过镜头仍止不住地痛哭，留给观众一个颤抖的背影。栾文海说了一句什么话呢？他说：“我最大的梦想是吃一盘炒菜。”原来，这位四十多岁的盲人栾文海，妻子孩子都离开了他，他自己开了一个练歌房。所谓练歌房就是有台 DVD 放映机，客人来了放上碟，唱一首歌给他一块钱。他吃饭怎么吃呢？找个盆，把菜放上，把盐撒上，把油浇上，再浇上开水烫烫菜。正是这样的生活境遇，让心软的李鑫为之痛哭。

2013 年《快乐向前冲》的比赛现场，选手周海滨深情地诉说道，他在赛场上拼搏，就是为了拿到冠军让老父亲开心一笑，如今这一愿望

15 我的粉丝是金子

就像李宇春的粉丝叫“玉米”，杨幂的粉丝叫“蜜蜂”，李鑫的粉丝也有个特别的称呼叫“金子”。好像一阵风一样，金子这个名字，瞬间就成了李鑫粉丝对自己的一致称呼。

李鑫回忆道，以前在百度贴吧里面，发帖的人前面都会有几个字：“闪闪发光”，慢慢地，“闪闪发光”几个字就变成“金子”了。“金子”是粉丝们自己起的名字，正迎合了“鑫”字是由三个“金”组成的。

李鑫很喜欢“金子”这个名字。他认为，金子代表财富，大家都喜欢，还有一句俗语叫“是金子总会发光”，他希望他的粉丝们是在阳光底下闪闪发光的金子，获得辉煌的人生。借助这个名字，李鑫也想默默地鼓励他的粉丝们，要在阳光下做事情，并且做一个大家都能看到的、闪光的、被人承认的人。

金子们阵容强大，他们来自天南海北，来自五湖四海，在支持偶像上毫不含糊。李鑫被不少金子奉为“追得最狠的一个明星”，只要条件允许，这些金子都会到录制现场，不管李鑫看不看见，不管李鑫喜不喜欢，金子们只为看他一眼，“鑫若安好，我便足矣”。

有的金子从中学时就开始追李鑫，一直到上大学、上班。有的金子工作一天已经很累，但是只要听说昨天鑫哥在节目上有精彩表现，不管多累不管回家多晚，一定会打开电脑看一看他的风采。金子们还为李鑫建立起了百度贴吧，为李鑫成立了“李鑫官方后援会”，并创作了自己的口号：李鑫宝贝勇敢飞，金子天涯永相随！

谈起和粉丝的故事，李鑫说，那是一天也讲不完的。许多粉丝给他带来了感动和前进的动力。金子中，让李鑫印象深刻的是一名网名为“冰儿”的姑娘，现在在吉林上大学。冰儿从上高中时就是李鑫的忠实粉丝，一直到现在，对偶像始终“不离不弃”。

冰儿做过很多让李鑫感动的事情。每次出门在外，冰儿都不忘为李鑫买一些有纪念意义的小礼物。去年李鑫过生日的时候，冰儿从长春坐了十个小时的火车到济南来为偶像庆祝生日。这让李鑫特别感动，也让李鑫更努力地工作，来回报金子们对自己的那份执着追求和支持。

被粉丝包围

其实像冰儿一样，许多金子们会默默等待 4 月份的这一天，对于他们来说，这是一个不同寻常的月份，因为他们偶像李鑫的生日就在 4 月份。

李鑫的阳历生日为 4 月 17 日，阴历生日为三月十五。2013 年阳历 4 月 24 日，阴历三月十五，金子们给了李鑫一个意外的生日祝福。这天李鑫正在演播室录制节目，金子们约好一起悄悄来到节目录制现场，将演播室的贵宾室布置一新。节目录制完毕后，李鑫走进贵宾室，金子们齐声唱起生日歌，并送上大大的蛋糕。

李鑫十分感动。他说，4 月 17 日的生日每年都会过，可阴历三月十五的生日，只有父母知道，只有家人才给他过这个生日。金子们能给他过阴历生日，金子们真是亲如家人。“想到这些粉丝的时候，

是我心里面最暖的、最感动的时候。最累的时候，想到金子们，就觉得为他们付出是值得的。”

除了为李鑫送去生日祝福，粉丝们还会做一些印着李鑫头像的衣服，为李鑫做奖杯、奖牌、挂历、影集。李鑫十分珍视粉丝的这些礼物，小心收藏。有些粉丝还会到节目录制现场探班。有些年龄较小的金子，则由家长陪着去看李鑫。家长对李鑫也充满好感，了解李鑫的为人，不反对孩子们到节目现场看一眼偶像。

金子们的忠诚度非常高。有些名人的微博上可能有几十万粉丝，可平均一个帖子的回复只有二三十个。而李鑫大约有六七万的粉丝，可他每发一个帖子，回复动辄成百上千。

在微博里面，也有一些不太熟悉李鑫的人，不太理解李鑫开玩笑的习惯，觉得主持人怎么说这种话，于是在微博里面用很恶毒的语言骂人。对此，李鑫的粉丝用大量的看似废话的回复，把不好的评论掩盖住。他们怕李鑫打开微博，看到负面的评论会不高兴。久而久之，李鑫洞察了粉丝之间约定俗成的这个秘密，十分感动。只要看到自己发的一条微博有上千的评论，他就知道了，肯定有人说坏话了，这是粉丝们在那儿刷

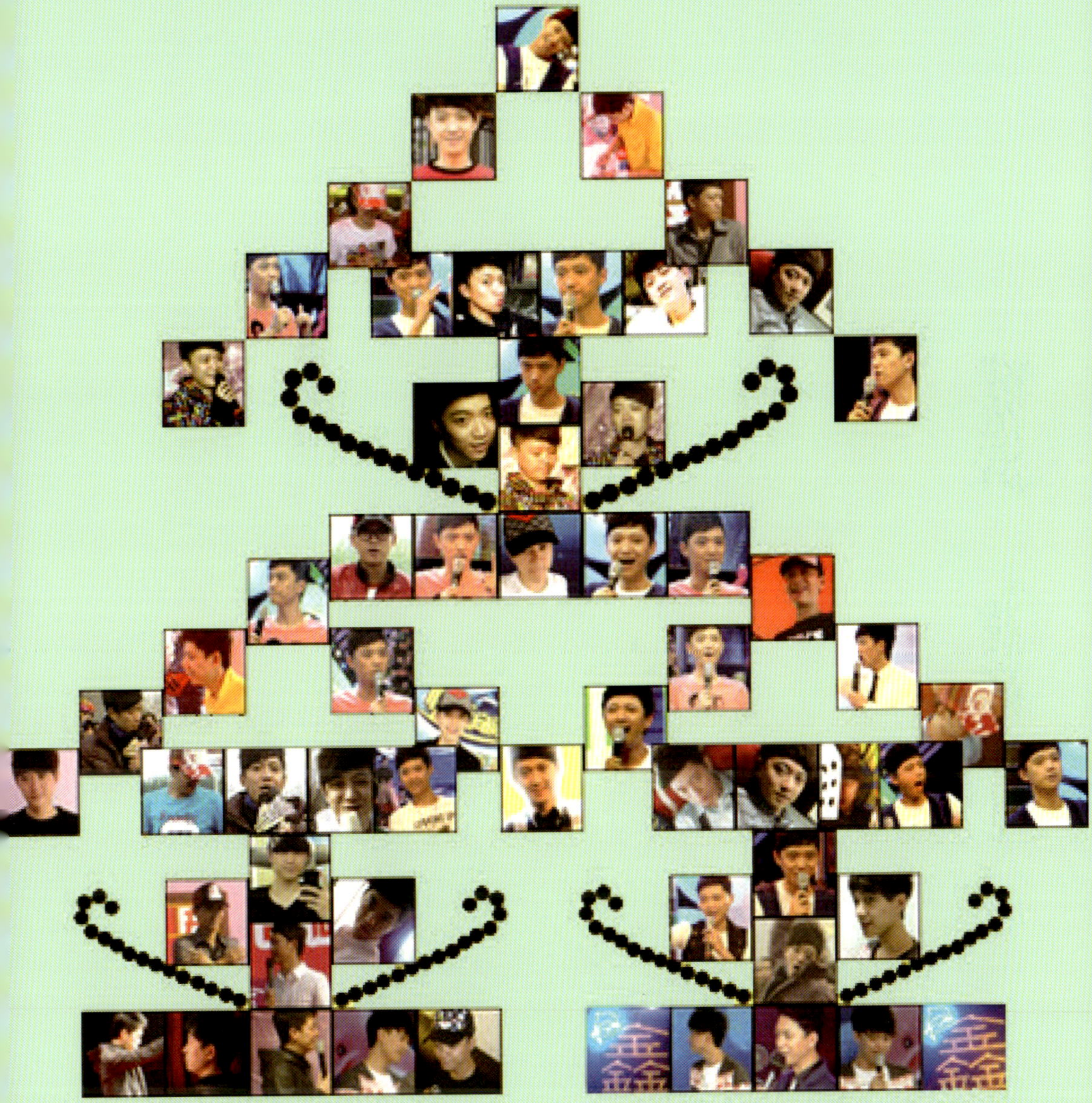

粉丝的作品

屏呢。也有许多粉丝会针锋相对，为李鑫辩解，消除人们对李鑫的误解。

这么多年，喜欢李鑫的人越来越多。他们是在了解李鑫为人处世之后而喜欢他的，和盲目的喜欢是很不一样的。李鑫的粉丝认为李鑫给他们的是正能量，比如说李鑫超强的工作量，忘我的敬业精神，令他们感动。他们觉得这个人值得去学习，去追随。

对于喜欢李鑫很多年的金子来说，他们是看着李鑫的节目成长起来的。他们小时候，只是觉得电视上的李鑫好玩而喜欢他，后来随着长大渐渐地被李鑫的拼搏精神感动而喜欢上他。

李鑫也特别喜欢粉丝说他是他们学习的榜样，而不是只是看着李鑫好玩儿、搞笑。好多年轻人也的确是受李鑫的影响，学习变得越来越好。有的金子为了拉近与偶像的距离，就立志考济南的院校，比如山师、山艺，或者考李鑫的母校陕西师范大学。偶像给他们带来的不只是快乐，而是让他们的目标更加具体，让他们为目标而拼搏更加有劲头。

李鑫与粉丝最浪漫的事是什么呢？李鑫说："如果你们认识我的时候是从初中开始，我特别想做的事情就是，如果有一天你们结婚了，我

"都是我！"

能去现场，我见证了你成长的过程，你们也见证了我的成长。”在李鑫心里，他想跟金子们做一辈子的朋友，这是件能让李鑫十分开心的事情，因为相互陪伴着成长，会很幸福。有时候，李鑫会想，以后不做主持人了，但回顾一下过去，虽然很累，可想到有这么多粉丝陪伴，心里会很温暖甜蜜。

粉丝的作品

每次看到金子，李鑫最多的是感动，觉得自己何德何能，就做了这么一个主持人而已。说实话粉丝也给李鑫带来一定压力，压力产生动力，李鑫觉得自己必须做好了才对得起粉丝的支持。

在金子们眼里，李鑫是什么样的呢？他们觉得，李鑫总是那么贴心，那么温暖，让金子们觉得爱他是那么值得。

许多金子见到他会紧张，而他就像邻家大哥哥一样，遇到金子，关心他们从哪来怎么回去，还会体贴地主动问要不要合影。粉丝冰儿记得，2009 年“五一”节，她和李鑫第一次相见，带病工作了一整天的李鑫依然不忘体贴照顾粉丝们，给他们签名、找同事帮着拍摄合照。

有金子去《快乐向前冲》现场探班，李鑫总是心疼地埋怨，怕他们中暑帮他们找阴凉地方，不让他们在太阳底下陪自己受罪。有一年夏天，来自全省各地的十几个金子一起去章丘绣源河看李鑫。考虑到现场偏僻没有吃午饭的地方，李鑫冒雨开车到章丘市区买了两大袋食品和饮料送给金子们。

他还不忘为中、高考的金子加油鼓劲，与面临考试的金子们约定考后见面，鼓励他们一定要考好……

拥有众多粉丝，李鑫也有烦恼，就是没有原来自由了。以前走在大街上没人管，没人关注，邋邋遢遢也行，现在出门之前就得收拾收拾，得对得起“观众”。此外，很多小粉丝将李鑫奉为榜样，李鑫的一言一行都会影响到小粉丝的成长，这就逼着李鑫对自己提出更高的要求，时刻不敢倦怠。对于粉丝们将自己奉为名人、明星的做法，李鑫说：“什么名人不名人的，刚开始的两年还觉得有名人的感觉，后来，虚荣感已经没有了。”

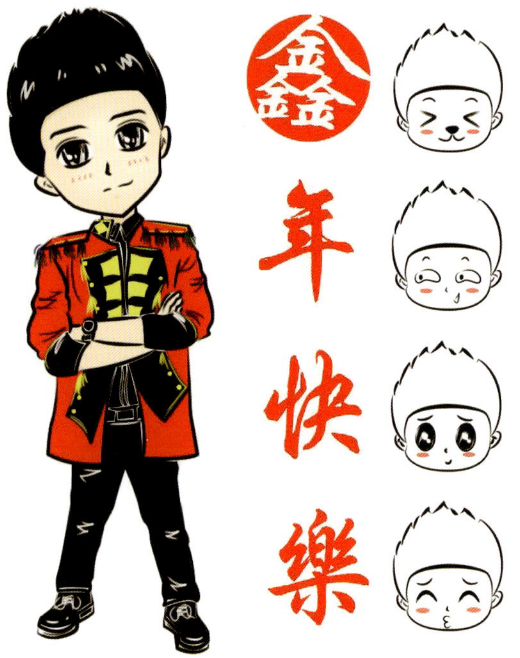

“粉丝眼中的我”

粉丝们眼中的李鑫是什么样呢？择忠实粉丝冰儿、小乖的微博以说明。

1. 冰儿

遇
李鑫
心微动
日久生情
许以永承诺
守护岁岁年年
荧屏里精彩主持
带来了快乐长相伴
幸福源于有他在心田
这爱的故事定能成经典
我们会有很多个五年
有爱在就不怕艰难
阳光般的大暖男
传递着正能量
温暖人世间
金子此生
已注定
唯念
鑫

“像不像我？”

2. 小乖

据相关人员反映，李鑫的作案方式极其恶毒。经调查，他的作案工具是眼睛、笑容。作案对象大部分是各年龄层的女孩，有时也会饥不择食地对男孩们下手！他下毒的方法是用笑容，只要人们看到他的笑容，大多会中毒。这种毒可以通过任何方式传播，但最多是通过电视、电脑以及书本、海报等。这是一种无色无味的毒，所以很多“受害者”都不会意识到自

己中毒了。

其中毒症状是：比较轻的是两眼冒桃心，心跳加速，脸频泛红，流口水等；较严重的除了以上症状，还会被李鑫迷惑，疯狂地去找他的一切资料以及关于他的一切消息，茶不思饭不想，白天想着他晚上梦见他。对男朋友挑三拣四，要求他们变成像李鑫一样。还会变成帮凶，使没有中毒的人也喜欢上李鑫。

但有些医疗专家则表示，这种毒有益于身心健康，原因如下：

① 李鑫养眼，对眼睛有很好的保护作用；

② 中毒者大多会努力起来！都说要做有素质的粉丝，学生都努力学习，成人都努力工作；

③ 提高人们的审美标准。

16 我的偶像是父亲

偶像也会有崇拜的人。为无数粉丝所喜欢的李鑫，他崇拜的人或是偶像又会是谁呢？李鑫说，这个人近在眼前。他从小到大一直最崇拜的是自己的父亲。

上世纪 70 年代，李鑫父亲高中毕业。那个年代，高中生就算是人才了。高中毕业后，父亲先回到老家莱芜，在中学当民办老师。父亲什么都教，语文、数学、美术……没有难得倒父亲的。父亲十七八岁，教的学生有的二十多岁，比他都大，比他都高。讲台上的父亲侃侃而谈、旁征博引，讲台下投来的是羡慕的目光。

恢复高考后，李鑫父亲考到泰安农业学校，毕业后二十出头，很年轻，分配到泰安下面的一个镇上。用不了几年，父亲就当上了镇长，是当地最年轻的镇长。

眼看李鑫到了上学的年龄，而镇上的教育水平毕竟有限，为了儿子能接受更好的教育，父亲决定一家人搬到泰安市。这个选择，也许是李鑫的一个转折，让他不但接受了良好的教育，还有机会学习普通话，上台当主持人，在广播站当播音员，一步步将李鑫引向主持人的道路。

李鑫的父亲还是一个心特别细的人，可能跟他当教师有关系。李鑫说，家里就父亲一个仔细人儿，母亲性格属于那种粗枝大叶的人，家务没李鑫父亲做得好，炒菜也是如此，连缝衣服都没李鑫父亲缝得好。

小时候李鑫袜子破个洞，李鑫母亲就拿贴膏药贴上，摆手将李鑫叫过来说：“好了好了，袜子补好了，穿去吧。”穿着穿着，袜子就粘在李鑫脚底上了。若是父亲发现李鑫袜子破了，必然一针一线仔细缝好，线脚不外露，穿上去以前的破损处几乎找不到。

17 台下其实挺“正经”

在电视主持行业摸爬滚打近十年，李鑫荣誉加身，粉丝无数，渐渐成了旁人眼中的名人、明星，观众会把在电视上看到的主持人性格等同于主持人的真实性格。

正是有了荧屏上频繁出现的“大猩猩”的搞怪形象，正是“没正形”的形象深入人心，观众们得出了这样的认识——李鑫没正形，李鑫是很爱闹的人，他就应该给大家讲笑话说段子，即便是在家里，他也应该是那种稳不住的人。

于是，李鑫到了哪儿，认出他的观众就都笑脸相迎，觉得不管在什么场合李鑫都是那个咧着大嘴，一笑一脸褶子，好像什么时候都没烦心事的“大猩猩”。

其实，很多主持人或演员在电视屏幕上的表现，是一种工作状态，而生活中他们或许会判若两人。

李鑫在工作和生活中的状态就是很不一样的，工作之外，李鑫其实是个挺“正儿八经”的小伙子。主持之外，李鑫是一个不太喜欢说话、肚子里没那么多段子的人，他笑称自己是喜欢一个人待在一边的“懒人”。素面朝天时，李鑫特别享受观众看到他时说：“哎呀，李鑫，你没电视上那么难看啊！”

成了明星，成了大腕儿，事儿也就多了，各种活动也多了。有时候主持人出去做活动，如果不是非说不可的情况，他很少说话。跟不认识的人见面应酬，人家希望他讲个笑话，逗大伙儿开心，李鑫则都让人失望。吃饭的时候，李鑫也不喝酒，人家吃他就吃，人家喝酒他就说，对不起我不喝酒。

实际上这很容易给人造成一种误解，就是这个人太能装了，清高自傲，但李鑫真不是这样。

别人会说：“李老师，你也别老端着，要与民同乐一下。”

李鑫给他们解释：“我真不是端着，我就这样。现在每次跟台长出去，比如评奖或是应酬，台长得先嘱咐我，别不说话。”

闲暇时间，李鑫更喜欢“宅”在家里，做一些普通人常做的事情，看电视、喝茶、看书。他评价自己是个很无聊的人，干的是老年人喜欢的事。他很喜欢静静地泡上一杯茶，坐在沙发上，慢慢地品着茶，拿出一本书来安静地看。他乐于在工作之外为心灵营造出静下来的空间，享受那喧闹之后的片刻宁静。

平时有点时间李鑫就喜欢看书，这是从中学时就培养成的习惯。上高中的时候，李鑫喜欢看人物传记，无论是商界奇才、政界精英，还是历代皇帝的传记，他都看，几年下来看过的传记书不可计数。他还喜欢看贾平凹的书，基本上将贾平凹的书看了个遍。李鑫觉得，贾平凹是陕西的作家，而李鑫是在陕西读大学，这好像很有缘分。

上大学那会儿，李鑫喜欢“蹭书”看。一本书好几十块钱，李鑫一个月生活费才几百元钱，没那么多钱买书，他就去书店“蹭书”。学校不远处有个书店，李鑫就起个大早，提个书包，里面装上水和面包，找个犄角旮旯，一坐就是一天。黄昏时分，面包、水吃完，一本书也被他啃完。那时候李鑫就这样经常在书店里“蹭书”看，对那时的他来说，“书非蹭不能读也”。

大学毕业后，随着工作渐渐忙碌，李鑫觉得自己看书少了，不是不喜欢看，而是没有时间和闲适的心境看书。有时候他也会到新华书店找个角落看书，想找找当年上大学时“蹭书”的感觉，但是以往那种感觉已经难以找回。李鑫在书店看书，常常被人认出，并被拉去合影、签名。他曾想戴墨镜看书，但又觉得在室内戴墨镜会很搞笑。既然感觉找不回来了，书干脆买走吧。李鑫一次能买三百多块钱的书，有六七本，可买回的书就被扔书橱里了，很少被翻看了。相比较于书，李鑫接触更多的是一些“速食品”，比如电视、电影、微信等，这与他现在繁忙的工作节奏不无关系。

李鑫一直想找回中学、大学看书时的那种闲适心境和状态。李鑫说，他希望有段时间能闲下来，找个安静的地方，比如到山上、到海边待上半个月，这个地方不要求风景多美，但一定要有一份宁静。在那个地方，他看看书，喝喝茶，跟朋友聊聊天，那种感觉肯定很好。“很多主持人是排班工作，比如一、三、五上班，二、四、六休息。而我是天天在录节目。我现在最大的愿望就是有个很长的假期，能看书，能积累。现在我就跟车轮一样，一直在滚动，没有停下来的时候。轮胎磨得越来越薄，积累的东西越来越少，原来掌握的东西全都用尽了，翻来覆去地说的都是同样的话，自己都觉得很烦，没进步，都是老的东西。但又真停不下来。”

由于李鑫不太爱出去玩，而是喜欢“宅”在家里，因此，他的朋友并不是特别多，他觉得自己把自己封闭了。在朋友圈里，李鑫不是能闹的人。一帮朋友出去玩时，一般会有人很能闹很能活跃气氛，而有人则很安静，李鑫永远是那个很安静的人。当然，他既不是最冒尖的，也不会让人觉得不合群。如果碰到陌生人多的情况，那李鑫可能就只低着头玩手机了。李鑫这样评价自己：“很不善于沟通，我有交流障碍。”

为什么荧屏上这么闹腾的主持人，在现实生活中却有些“宅”呢？李鑫总结了一下，一方面是由于工作累，忙完工作，早就累得躺在床上爬不起来了，哪还有心思出去玩？另一方面则与自己性格有关，李鑫觉得自己骨子里是个比较内向的人。他开玩笑地说，自己有些“精神分裂”，能体会到周星驰在荧屏上搞怪逗笑、而台下一句话也不说的那种感觉。不少人认为他是装深沉，李鑫说这可真不是。

“我不是一时半会儿有些内向，而是从小到大都这样。”李鑫说，从小到大，无论是在家里还是在外面，他都是话不多的那一个。主持工作虽然练就了他在台上的“伶牙俐齿”，可难移他生活中不爱说话的本性。

近一年来，李鑫也开始慢慢改变，开始出来结交朋友，毕竟将自己封闭起来不是好现象。

为了能不那么“宅”，李鑫重拾自己对篮球的爱好，这也是这么多年来他唯一没有失去兴趣的运动。于是乎，篮球场上多了李鑫的身影，微博上多了李鑫打篮球的酷酷的照片，而医务室里也偶尔多了一个去看手伤的李鑫。

跟许多 80 后男生一样，喜爱篮球的李鑫非常着迷一部动画片《灌篮高手》。灌篮高手中，他印象最深刻的是赤木刚宪，樱木花道常常称他为“大猩猩”。中学时代的李鑫打死也没想到将来自己的绰号与他一样，现在一有人叫他“大猩猩”，李鑫就想起赤木刚宪来。

李鑫还有一个梦想与篮球有关，他的梦想是有一个很喜欢的女孩，于太阳快落山的时候，抱着一本书，看着李鑫打球。但是现在这个愿望还没实现，李鑫笑称这是人生的一大遗憾。

附一

似水流年，与君同

世间有许多命中注定，恰如做事总是三分钟热度的我，偏偏对你认了真。

初识于2008年的全球华人网络春晚，那白衣少年略显浮夸的表演，那阳光男孩沉稳与幽默并存的主持，使人心中泛起涟漪。数月后，“喜剧学院”里再相见，带着好奇来到你的贴吧，成为吧主、了解加深、日久生情，仿佛一切都那么顺理成章，而这时光一走，就是多年。

回忆是一件很奇妙的事情，它会让人想起许多东西，然后发现，原来我已陪你走过那么那么多时间。综艺满天星、喜剧学院、非常娱乐、影视大派送、超级运动会、歌舞青春、山东好声音、快乐向前冲、影视那点事、相亲相爱、快乐大PK、直播影视、我是大明星、春晚总动员、挑战美人关、幸福向前冲、喜剧公司、明星宝贝……数不清的节目背后，是无数个连轴转的日夜，无数次带病坚持的工作。披星戴月，一站又一站，把你的一切辛劳看在眼里，心疼却无力分担。只能让心与你同在，爱伴你同行，你被淹没于人海，而我在人海之外安静守护，承诺直到永远。

2008年的那个冬天，百度李鑫吧建立，我遇见了心心、小娇、晶晶、欣欣等若干“金子”，有了属于我们的家。虽然你从未在那里留下只言片语，却会偷偷潜水，在博客里骄傲地恭喜我中考全A，在访谈中提到我们在贴吧说过的话。那时候，综艺满天星夜夜直播，曾期待着你出现在电视里，期待着晓雅姐和海云从现场带回的各种靓照；也曾为直播中被胃肠感冒折磨得疲惫不堪却依然强笑工作的你心疼落泪。那时候，超级运动会周周出动，喜剧学院全省巡演，曾在富华游乐园有了与你的第一次面对面，也曾因同在青岛却不能去有你的现场而埋怨爸妈管得太严。那时候，金子里我年龄不算大，虽是吧主却被许多姐姐宠溺照顾，蕾蕾姐更是为我定下“三年之约”，相约金子们在我高考后一起去济南看你……那时十五岁的我，希望能成为你的骄傲，“闪闪发光”是暗号，更是一种约定，指引前进的方向。

高中住校，每两周回家一天，那三年几乎与世隔绝，你的名字也成为家里的一种禁忌，看节目的次数寥寥无几，却无法把你忘记。一有机会还是会回贴吧看看有哪些新面孔新朋友、有没有事情需要处理；逛逛博客微博，看看最近的你有什么心语。因为管理贴吧，我学会忍耐、学会坚持、学会包容。时光它走得不疾不徐，而我也渐渐成长，学会了更好的做“家长”。2011年盛夏，玲玲、不丁、小任、鑫怡一起去快乐向前冲为你闯关，李鑫官方后援会成立，从此五个管理一条心，应援迈上新台阶。我们有了属于你和金子的口号、手牌、条幅、灯牌、贴纸、徽章、卡贴、明信片、会服……一件件应援物，一份份真心，还有一首《小星星》唱出了金子的心声——不求你看见，只想为你发光，永远。我们的力量或许不大，却希望你拥有所有美好。

生活中总会有一些阴差阳错，而后我与山大失之交臂，来到这离家一千五百多公里的北国春城。遇见你让我知道，距离再遥远也没有不可能，只有不够想——若一个人足够想做一件事，全世界都会为他让路。所以我得以穿越山河再次站在你的面前，同十余位金子一起为你庆生。当你全然不顾簇拥在四周的观众诧异目光的投射把我紧拥入怀时，刹那间幸福到不知所措，所有的奔波都是为你，而所有的为你，都值得。唱起生日歌，说笑着，感动着……你说农历的生日只有家人才会为你过，你说我们是你每次想起来时心里最暖最感动的、最累的时候觉得为之付出最值得的家人，你说我们为你充电，你说你爱我们……那年在绣源河，你心疼地埋怨我们不该折腾着来如此偏远的地方探班，又亲自驾车去章丘市区买回两大袋食品饮料怕我们饿着渴着，还要每个探班的孩子回去后都向你报平安……那时在济南，你为我们唱起《爱很简单》，你说所有名气、

金子的"领导"——冰儿

知名度都是过眼云烟，而我们是你这么多年最大的财富、是你坚持的动力……话语没有走远，感动永留心间，仿佛一切都发生在昨天。自从遇见你，爱上你，金子便被快乐环绕。一句句真情流露、一件件细心之举让我们感动，它们汇成了漫漫长夜里的一束光，把寒夜温暖，把生命照亮。

"牡丹奖"十佳主持人选举投票，当其他人忙于刷票的时候，当金子们辛苦努力的投票成果被他人用手段轻易超越的时候，当其他主持人发微博说做事要"善于从不公平的规则中找到有利于自己的漏洞"来为自己的不正当行为正名的时候，是你催熬夜投票的我们去睡觉、让我们不要累坏身体，是你告诫我们做人要光明正大、按规则办事、不可攻击别人，是你说："我们是可以在阳光下闪闪发光的金子，不管他们，让他们看看什么是正能量。"最终，在大家不分昼夜的共同努力下，你获得了"人气王"。奖杯来之不易，而你用光明磊落的行为，诠释了什么是君子有所为有所不为，什么叫当之无愧，什么是实力偶像！其实，我们能给的支持真的太少太少，反而是你的幽默风趣带给金子快乐，是你的乐观大度为金子传播正能量，是你的无私奉献与胸怀坦荡成为了金子的榜样！

有一片金海始终只为你闪耀。相伴的点点滴滴早已铭刻在血脉里，就算忘记了天和地，这份深浓的爱依然会永存于记忆。有人说，没有人是完美无缺的，如果足够了解了一个人，就一定不会再爱下去。我也知道你有缺点，可那些不足即使像天上的星星一样多又怎么样？你的好犹如太阳，甫一出现，我的世界便只有温暖与光明。幽默又不失尊重，气场强大却不乏亲和，可能外人眼里的李鑫在台下是“高冷男神”，而话要怎么说才能表达出内心的无比骄傲？那一个被称作“李温暖”的贴心的你，唯有金子明了。多年过去，我们之间的情感早已超越了普通的粉丝与明星，我把你当作自己的大哥哥，亲如家人。如今二十二岁的我，不知道故事还会续写出怎样的篇章。或许有一天，我也会被自己的工作与生活捆绑，有一个属于自己的小家和随时黏住自己的胖娃娃，不能再像现在这样说走就走说做就做随时为你奔忙。但就算那时，心中也定会有一方天地独一无二只牵挂你，因这一生最美好的时光都在爱你呀，就算再有第二个李鑫，也没有第二个青春去守护了。

“我见过春花夏风秋月冬雪，也踏遍南山北水东麓西岭，可这春秋四季，苍山碧水，都不及你冲我展眉一挑。”感谢在这样的年华遇见这样的你，是你让我骄傲，是你让我灿烂，是你让我美好。因为爱你，我成长为更好的自己。时光不会停下它的脚步，而我也将陪伴你一直走下去。李鑫坚持自己，金子陪你到底。不求岁月静好，与君语；唯愿似水流年，与君同。

无限天空 sky（冰儿）

（注：该文作者为李鑫官方后援会会长）

附二

李鑫小档案

姓名：李鑫
血型：O 型
星座：白羊座
身高：183cm
体重：75kg
爱好：吃好吃的 玩好玩的
户籍：山东泰安
绰号：大猩猩
粉丝名称：金子
最难忘的事情：拥有太多的“金子”
最希望的事情：家人朋友健康平安
最害怕的事情：现在……好像……
最喜爱的食物：香蕉
最讨厌的食物：西红柿炒鸡蛋
最喜欢的动物：狗狗（没有养）
最喜爱的演员：周星驰　尼古拉斯•凯奇
最喜爱的歌手：好多　陶喆　许巍　陈奕迅……
最喜爱的颜色：赤橙黄绿青蓝紫
最想去的地方：西藏
最喜爱的运动：打篮球

最喜欢的穿著方式：舒服

最擅长的事情：魔术　主持　搞笑

喜欢的电影：《大话西游》《东成西就》

理想的女朋友：上得厅堂　下得厨房

经典的动作：大猩猩的样子　“恶人”式的“奸笑”

对未来的打算：娶个老婆　生个小孩子　过过好日子

自我评定：性格有些多面　情绪有些善变

综合评定：不比谁更聪明　也不比谁更漂亮　就比谁更讨人喜欢

后 记

从来没有想过自己会和一本书产生关系。而且，这本书是写自己的。

接到出版社的约请电话，说想跟我商量一下出本书。我说：出书？您确定是打给我的？电话那头的王菁主任说，没错，就是你，李鑫！我说：我哪有时间写东西啊，一小时掰成六十份用。王主任说：没事，我们用采访的形式，你说就行。我说：那写什么啊？王主任说：就写写你的经历吧。我说：我这刚三十岁的年纪就写生平？这，不好吧……就在这样的欲拒还迎中，半推半就地答应了这个不知所措更准确地说是有点受宠若惊的事情。毕竟，作为一名曾经的文学爱好者，出书这事，挺牛。

前后经过一年多的访谈、初稿和无数次的修改，这本“流水账”终于要和您见面了。从没有过的兴奋中夹杂着更多的忐忑，可丑媳妇总归要见公婆，但我这丑媳妇是素颜接受您的检验，要是看出来褶子、雀斑、鱼尾纹什么的，您，多包涵。

概括一下的话，这是一本不强说愁，不催人泪流，轻松地讲述了32年快乐无忧的流水账。即便不那么深刻，没那么多人生哲理，但却饱含诚意。向您介绍一个全方位、立体式、多角度的李鑫！

也跟您做个约定，要是有下本书，一定自己写，争取做个二手的畅销作家。

李 鑫

2015年夏